精英思维课

人性的弱点

启文 ◎ 编著

山东画报出版社

图书在版编目（CIP）数据

　人性的弱点 / 启文编著 . -- 济南：山东画报出版
社，2020.5
　（精英思维课）
　ISBN 978-7-5474-3511-3

　Ⅰ.①人… Ⅱ.①启… Ⅲ.①成功心理—通俗读物
Ⅳ.① B848.4-49

　中国版本图书馆 CIP 数据核字 (2020) 第 063977 号

人性的弱点
（精英思维课）
启　文 编著

责任编辑　张桐欣
装帧设计　青蓝工作室

主管单位　山东出版传媒股份有限公司
出版发行　山东画报出版社
　　　　社　　址　济南市市中区英雄山路 189 号 B 座　邮编 250002
　　　　电　　话　总编室（0531）82098472
　　　　　　　　　市场部（0531）82098479　82098476（传真）
　　　　网　　址　http://www.hbcbs.com.cn
　　　　电子信箱　hbcb@sdpress.com.cn
印　　刷　北京一鑫印务有限责任公司
规　　格　870 毫米 ×1220 毫米　1/32
　　　　　　　6 印张　160 千字
版　　次　2020 年 5 月第 1 版
印　　次　2020 年 5 月第 1 次印刷
书　　号　ISBN 978-7-5474-3511-3
定　　价　149.00 元（全 5 册）

前　言

　　戴尔·卡耐基（1888—1955），被誉为20世纪伟大的心灵导师和成功学大师，美国现代成人教育之父。20世纪早期，卡耐基独辟蹊径地开创了一套融演讲、推销、为人处世、智能开发于一体的教育方式。他运用社会学和心理学知识，对人性进行了深刻的探讨和分析，激励了无数陷入迷茫和困境的人，帮助他们重新找到了自我，改变了千百万人的命运。

　　由编者精心整理、编纂而成的《人性的弱点》是卡耐基思想的精华，自出版以来销量稳居各类励志书榜首。此书之所以畅销不衰，就在于卡耐基先生对人性的深刻认识，以及他为根除人性的弱点所开出的有效处方。正如卡耐基所言："一个人的成功，只有15%归结于他的专业知识，而85%归于他表达思想、领导他人及唤起他人热情的能力。"只要你不断反复研读此书和付诸行动，必将助你获得成功所必备的那85%的能力。不论你是什么职业、性别、年龄，这部充满力量、充满智慧的书，在生活中一定会给你启迪，使你勇敢地克服自己的弱点，成为人际交往的高手。

　　卡耐基并没有发现宇宙深奥的秘密，但他源于常理的教育理念和教育实践，却施惠于千百万人。在帮助人们学习如何处世上，在帮助人们获得自尊、自重、勇敢和自信上，在帮助人们克服人性的弱点，从而获得事业成功和人生快乐上，卡耐基应该比同时代的所有哲人做得都多。

卡耐基的思想具有极强的实用性、指导性以及对社会各类人群和各个时代的适应性，随着时间的流逝，卡耐基的思想和见解并没有被时代所抛弃；相反，在今天这个竞争激烈的社会，他的思想和洞见更加深刻和实用，对于人们更具有指导意义。阅读本书，可能会改变你的命运，让你拥有美好、快乐、成功的人生。

目　录

第一章　把握人际交往的关键

了解鱼的需求

　　世上唯一能够影响别人的方法，就是谈论人们所要的，同时告诉他，该如何才能获得。

　　明天你希望别人为你做些什么，你就得把这件事记住，我们可以这样比喻：如果你不让你的孩子吸烟，你无须训斥他，只要告诉孩子，吸烟不能参加棒球队，或者不能在百码竞赛中夺标。不管你要应付小孩，或是一头小牛、一只猿猴，这都是值得你注意的一件事。

　　每年夏天，卡耐基都会去梅恩钓鱼。他喜欢吃杨梅和奶油，然而基于某些特殊原因，他发现水里的鱼爱吃水虫。

　　所以在钓鱼的时候，卡耐基就不作他想，专心致志地想着鱼儿们所需要的。

　　卡耐基认为也可以用杨梅或奶油作钓饵，和一条小虫或一只蚱蜢同时放入水里，然后征询鱼儿的意见——"嘿，你要吃哪一种呢？"

　　为什么我们不用同样的方法来"钓"一个人呢？

　　有人问路易特·乔琪，何以那些战时的领袖退休后都不问政事，还身居要职呢？

他告诉人们："如果说我手掌大权有要诀的话，那得归功于我明白一个道理，当我钓鱼的时候，必须放对鱼饵。"

世上唯一能够影响别人的方法，就是谈论人们所要的，同时告诉他，该如何才能获得。

明天你希望别人为你做些什么，你就得把这件事记住，我们可以这样比喻：如果你不让你的孩子吸烟，你无须训斥他，只要告诉孩子，吸烟不能参加棒球队，或者不能在百码竞赛中夺标。不管你要应付小孩，或是一头小牛、一只猿猴，这都是值得你注意的一件事。

有一次，爱默生和他儿子想让一头小牛进入牛棚，他们就犯了一般人常犯的错误，只想到自己所需要的，却没有顾虑到那头小牛的立场……爱默生推，他儿子拉。而那头小牛也跟他们一样，只坚持自己的想法，于是就挺起它的腿，强硬地拒绝离开那块草地。

这时，旁边的爱尔兰女用人看到了这种情形，她虽然不会写文章，可是她颇知道牛马牲畜的感受和习性，她马上想到这头小牛所要的是什么。

女用人把她的拇指放进小牛的嘴里，让小牛吸吮着她的拇指，然后再温和地引它进入牛棚。

从我们来到这个世界上的第一天开始，我们的每一个举动，每一个出发点，都是为了自己，都是为我们的需要而做。

哈雷·欧佛斯托教授，在他一部颇具影响力的书中谈道："行动是由人类的基本欲望产生的……对于想要说服别人的人，最好的建议是，无论是在商业上、家庭里、学校中、政治上，还是在别人心中，激起某种迫切的需要，如果能把这点做成功，那么整个世界都是属于他的，再也不会碰钉子，走上穷途末路了。"

明天当你要劝说某人，让他去做某件事时，开口前你不妨先自问："我怎样使他要做这件事？"

这样可以防止我们在匆忙之下面对别人，最后导致多说无益，徒劳而无功。

在纽约银行工作的芭芭拉·安德森，为了儿子的身体，想要迁居到亚利桑那州的凤凰城去。于是，她写信给凤凰城的 12 家银行。她的信是这么写的：

敬启者：

我在银行界的 10 多年经验，也许会使你们快速增长中的银行对我感兴趣。

本人曾在纽约的"金融业者信托公司"做过许多不同的业务处理工作，现在则是一家分行的经理。我对许多银行工作，诸如：与存款客户的关系、借贷问题或行政管理等，皆能胜任。

今年 5 月，我将迁居至凤凰城，故极愿意能为你们的银行贡献一技之长。我将在 4 月 3 日的那个礼拜到凤凰城去，如能有机会做进一步深谈，看能否对你们银行的目标有所帮助，则不胜感谢。

芭芭拉·安德森谨上

你认为安德森太太会得到回音吗？11 家银行表示愿意面谈。所以，她还可以从中选择待遇较好的一家呢！为什么会这样呢？安德森太太并没有陈述自己需要什么，只是说明她可以对银行有什么帮助。她把焦点集中在银行的需要，而非自己。

卡耐基曾为一些大学毕业生开讲《有效谈话》的课程。这些毕业生刚进入"开利公司"工作，其中一名学生想利用休息时间打打篮球，于是他便这样去说服其他人："我要你们出来打篮球。我喜欢打篮球。但是，前几回我到体育馆的时候，人数总是不够。我们当中的两三人，一直把球传来传去——我还被球打得鼻青脸肿。希望你们明天晚上都过来打，我喜欢打篮球。"

这名学生谈到别人的需要了吗？假如别人都不愿去体育馆的话，你也不一定会去的。你不会在意那名学生想要什么，你也不想被打得鼻青脸肿。

这名学生有没有办法让你们觉得，假如你们到体育馆去，可以得到许多东西，像更有活力，更有胃口，脑筋更清醒，得到许多乐趣，等等。

我们再重复一遍欧佛斯托教授充满智慧的忠言："要首先引起别人的渴望，凡能这么做的人，世人必与他在一起。这种人永不寂寞。"

卡耐基的训练班有名学生，一直为自己的小儿子操心不已。他的小男孩体重过轻，而且不肯好好吃东西。这对父母用的是大家最常用的方法——责备和唠叨。"妈妈要你吃这个和那个。""爸爸要你以后长得高大强壮。"这个小男孩听得进多少这类的要求？这就好像把一撮沙子丢到海滨沙地一样，毫无作用。

只要你对动物还有一点认识，你就不会要求一名 3 岁小孩对他 30 多岁的父亲的看法会有什么反应，更不要说完全依照父亲所期待的去做，那是荒谬无理的。这名学员后来也发现错误，便告诉自己："我的儿子想要什么？我如何能把自己的需要和他的需要联结起来？"只要这位父亲一开始想，问题就变得容易多了。小男孩有一部三轮车，他最喜欢在自家门口附近骑着车到处跑。但是街的另一头住了一个喜欢欺负弱小的大男孩，常常把小男孩从车上拉下来，然后把车子骑走。自然，小男孩会哭叫着跑回家去，然后妈妈便会跑出来，先把大男孩从三轮车上赶下来，再让小男孩骑着车子回家。这事几乎每天发生。所以小男孩想要什么，这并不需要侦探福尔摩斯来回答。小男孩的自尊、愤怒和渴望具有重要性——所有他性格中最强烈的情绪——都促使他要采取报复行动，最好能一拳把那大男孩的鼻子打扁。这时，这位父亲就趁机向小男孩解释，假如他能把妈妈所给的食物吃下去，终有一天能足够强壮得把大男孩痛揍一顿。此法果然奏效，小男孩从此不再有饮食方面的问题。他肯吃菠菜、泡菜、腌鲭鱼——凡是可以让他快快长大的食物都吃。因为他实在太渴望早日把那个大男孩狠揍一顿，好一解长久以来所受的怨气。

解决了这个问题之后，这对父母又得处理另一个问题：原来小男孩一直有尿床的坏习惯。小男孩与祖母同睡，每天早上，祖母醒过来发现被单是湿的，便会说："强尼，看，你昨晚又尿床了！"小男孩就会回答："不是我，是你自己尿床。"

责备、处罚、取笑或一再警告，所有能用的方法都用遍了，就是无法让他改掉这个坏习惯。那么，如何才能让孩子自己想不尿床？

小男孩调皮地回答，他想要一套像爸爸一样的睡衣，而不是现在所穿的睡袍，那看起来像祖母穿的。老祖母早已受够小男孩尿床的坏习惯，所以很乐意买一套那样的睡衣送给他。他还想要一张自己的床，祖母也不反对。

小男孩的母亲带他到家具店去。她先对店里的女店员眨眼示意，然后说道："这位小男士想要买些东西。"

"年轻人，我可以帮什么忙吗？你想要什么东西？"

这话使小男孩深觉自己的重要。他尽量站得使自己看起来高些，然后回答："我要给自己买张床。"

女店员便带小男孩看了好几张床。等男孩的母亲示意哪一张比较合适，女店员便说服小男孩把它买下来。

第二天，床送来了。当天晚上，父亲回家的时候，小男孩就赶紧拉着爸爸到楼上看他的床。

父亲看了那张新床，然后真诚而慷慨地发出赞美之言："你不会把这张床尿湿吧，会吗？"

"哦，不会的，不会，我不会再把床尿湿了。"小男孩果然遵守诺言，因为这里面有他的尊严，而且，这是他自己买的床。他现在穿着和父亲一样的睡衣，完全像个小大人了，所以他也要举止行为像个小大人一样。

另一个电话工程师，他无法叫 3 岁大的女儿吃早餐，无论怎么责备、哄骗或要求，都无济于事。这个小女孩喜欢模仿母亲，喜欢觉得自己已长大成人。所以，有天早上，这对父母就把小女孩放在椅子上，让她自己准备早餐。果然小女孩弄得十分起劲，一看见父亲进厨房便叫道："爸爸，看，今天早上我自己调麦片！"她吃了两份麦片，完全不用哄骗，因为这不但使她兴趣盎然，更使她觉得"极具重要性"。她完全在调制麦片的过程当中，找到了自我表现的途径。

自我表现是人类天性中最主要的需求。我们也可以把这项心理需求适用在商业交易上。当我们想出一个好主意的时候，别让其他人以为那是我们的专利。不妨让他们自己去调制那些观念，他们会认为那是自己的主意，也会因特别喜爱而多摄取不少的分量。

我们应记住：要首先引起别人的渴望。凡能这么做的人，世人必与他在一起。这种人永不寂寞。

管住自己的舌头

你如果没有好话可说，那就什么也别说。

要记住，不愉快的时刻迟早会过去，如果我们的舌头没有闯祸，就不会留下需要医治的创伤。

大卫的父母离婚后，协议规定他和母亲一起生活。由于手头拮据，母子二人只好搬到另一个城市去。大卫于是也要到一所新的学校去上课，结交新的朋友。这种种变化叫他伤透了心。他开始对那些父母没有离婚的孩子感到反感，而且经常因为小事或无缘无故跟人打架。在这种痛苦的生活中，他养成了对人苛求的习惯，几乎对谁都没有一句好话。

一天，有个对大卫的情况十分了解的同学走到他身边。"我父母也离婚啦。"他轻声地说，"我知道你心里难受。不过，你得抛弃你的怒气和痛苦。你跟别人过不去，这只能伤害你自己。要是你没法说点儿什么好话，那你最好什么也别说。"

由于痛苦，大卫最初的确很难接受这位同学的建议，但情况似乎变得越来越糟，于是他就对自己的谈吐变得比较谨慎了。他经常把马上就要冲口而出的话咽回去，若是在以前，他的这些伤害人、挖苦人的话简直是没遮没拦。他开始意识到他从前对身边同学的关心是多么不够。随着理解的扩大，他开始明白，像他一样遭受家庭变故的不只他一个人，许多孩子也经历过令人难堪的家庭解体。大卫开始想办法去鼓励他们，帮助他们处理好自己的痛苦与茫然。到学期结束时，大卫的态度产生了180度的转变，并获得了那些当初由于他管不住自己的脾气而与他疏远了的同学的好感。

我们无论是谁，在家里、学校里或工作中，都可能经历过精神上受到压抑的情形。当事情进展不顺利时，我们往往会忍不住责怪别人，我们或许认为，找别人的错能使我们对自己所处的状况觉得好受点儿。但也可能是这样想的：我不好过，你也别想好过。

在我们每个人都曾经历过的"沮丧"时刻里，如果我们不能对别人说有益的话，那我们最好还是什么也别说。破坏性的语言，往往会产生破坏性的结果。除了会给周围的人造成不必要的痛苦之外，从我们口中说出的那些消极性的话语往往只会使问题变得复杂起来。

在生活中遇到了难于应付的挑战，我们就可能认为，说些粗野和伤人的话是有道理的。上文提到的那个父母离了婚的孩子，受着许许多多他无法理解、无法解决的感情和情绪的折磨。但他最终还是发现，贬低和伤害他人并不是解决问题的办法。通过客气和富于理解的言辞，或干脆怀着同情听别人说话，他终于学会了帮助他人；反过来，他又受到了周围人们的帮助，而他终于在自己身上找回了生活的勇气。

当我们遇到灾难或烦心的事儿，倘若我们还记着应与面前的事物保持一定距离，直至能够看清与之相联系的背景为止；倘若我们学会了"管住自己的舌头"，那么，我们也许就能避免说出许多具有破坏性的话。在生活的各个方面，倘若人们背着沉重的思想包袱，这对自己和其他人，都会产生致命的影响，因为这些思想问题所强调的是否定的而不是积极的方面。因此，重要的是我们要懂得，创造性的思想产生于不断寻找答案的过程之中。

有句久经考验的名言："你如果没有好话可说，那就什么也别说。"这实在是一句座右铭。倘若你出于某种原因而感到沮丧，如有必要，可以找朋友或师长谈谈。每个人都有不顺心的时候，当你感到情绪有些不对头时，千万别发作，以免伤害别人，因为别人也同样需要听到些表示理解和支持的话。对自己要说出的话，应时刻保持警惕。要记住，不愉快的时刻迟早会过去，如果我们的舌头没有闯祸，就不会留下需要医治的创伤。

抓住每一个机会

只要他愿意探取，凡他结交的每一个人，都能告诉他若干的秘密，若干闻所未闻却足以辅助他的前程、加强他的生命的东西。没有人能孤独地发现他自己，别人总是他的发现者！

错过与一个胜过我们自己的人相交往的机会，实在是一个很大的不幸，因为我们常能从这个人身上得到许多益处。

一个人从别人那里所吸收的能量愈大、质量愈好、种类愈多，则其个人的力量愈大。假使他在社交上与精神上、道德上同他的同辈有多方面的接触，那么他一定是个有力量的人。反之，假使他断绝关系，那么他一定会成为弱者。

人类需要各种精神食粮，而这各种精神食粮，只能在同各种各样的人们相处相交中得来。这就像枝头上葡萄累累，其汁液的甜蜜，其色香的醇美，都是从葡萄藤的主藤上来的一样。树枝本身不能生存，把树枝从树干上砍掉，树枝定会萎黄枯死。个人的力量也是从"人类树干"中得来的。

在同一个人格坚强伟大的人面对、接触的时候，常常能觉得自己的力量会突然增加几倍，自己的智慧会突然提高几倍，自己的各部分机能会突然提升几分，仿佛自己以前梦想不到的、隐藏在生命中的力量，都被他解放了出来，以至于使自己可以说出、做出在一人独处时、在没有同他接触时，所绝不可能说出、做出的事情。

演说家的演讲词可以唤起听众的同情，因而具有巨大的力量。但是假使他在"没有人"或者和个别人的情况下讲话，则绝不能生出这种巨大的力量；正像化学家绝不能使分贮在各只瓶中的药品发生化学作用一样。新的力量、新的影响、新的创造只有在"接触"和"联系"中才能得来。

常同他人相处相交的人，仿佛能永远在他的"发现航程"中发现自己生命中的新的"力量岛屿"，而若是他不常同别人接触，这种"力量岛屿"是会永远埋没无闻的。

只要他愿意探取，凡他结交的每一个人，都能告诉他若干的秘密，若干闻所未闻却足以辅助他的前程、加强他的生命的东西。没有人能孤独地发现他自己，别人总是他的发现者！

我们大部分的成就总是蒙受他人之赐。他人常在无形之中把希望、鼓励、辅助投入我们的生命，在精神上振奋我们，使我们的各种能力增强。

我们生命的成长，都依靠我们的心灵从四处吸收营养，而这种营养，我们的感觉是不能觉察、测量的。从表面上看，我们是从耳目中吸收进力量的，但在事实上，这种力量的吸收绝不是取道于视觉、听觉神经的官能的。

一幅名画中最伟大的东西，不在于画布上的色彩、影子或格式，而是在这一切背后的画家的人格中——那黏着在他的生命中，他所传袭、经历的一切的总和构成的一种伟大力量！

大学教育的大部分价值，都是从师生同学间感情的交流、人格的陶冶中得来的。他们的心互相摩擦，刺激起各自的志向，提高各自的理想，启示新的希望、新的光明，并将各自的各种机能琢磨成器。书本上的知识是有价的，然而从心灵的沟通中所得来的知识是无价的。

假使你不能同别人的生活发生密切的关系，不能培养起你丰富的同情心，不能在别人的事上产生兴趣，不能辅助别人，不能分担别人的痛苦、共享别人的快乐，则不管你学问怎样好、成就怎样大，你的生命仍是冷酷的、孤独的、不受欢迎的。

试着常同比你优秀的人交往。这并不是说，你应当同比你更有钱的人交往，而是说你应当同人格、品行、学问等都胜过你的人交往，因为这样你就能尽可能地吸收到种种对你的生命有益的东西，就可以提高你自己的理想水平，鼓励你趋向高尚的事情，并使你对事业激发起更大的努力来。

头脑与心灵之间，有着一种强大的"感应"力量。这种"感应"力量虽无法测量，然而它的刺激力、它的破坏及建设力是十分巨大的。假使你常同比你低下的人混在一起，则他们一定会把你拖陷下去，一定会降低你的志愿和理想。

错过与一个胜过我们的人相交往的机会，实在是一个很大的不幸，因为我们常能从这个人身上得到许多益处。只有在"交往"中，生命中粗糙的部分才可以擦去，我们才可以琢磨成器。同一个能够启发我们生命中最美善的部分的人相交的机会，其价值远超于发财获利的机会，它能使我们的力量增加百倍。

扩大交际范围

善于交际的人，总是在不停地扩大自己的交际范围。
定期举办的各种活动可为其成员提供充分的交往机
会，所以，不要放弃你感兴趣的任何团体。

善于交际的人，总是在不停地扩大自己的交际范围，认识一
个新的朋友，等于进入他的社交圈，从而又认识一批人，不断地
产生倍数效应。卡耐基经常鼓励他的学员这样做，并给了他们一
些相应的建议：

广泛参加各种团体活动

对于参加联谊会、集训、研讨会或志趣相同者的夏令营、冬
令营等活动，都是许多人在一起的集体活动，即便你兴趣不浓也
还是积极参加为好。

因为，此类活动创造的交际机会是非常多的。比如，有些不
喝酒的人，稍微喝了一点儿，就把心里话全都倒了出来，从此与
这些人结成了好朋友。如果你总是说"乱哄哄的有什么意思"之
类的拒绝之词，那么以后就不会有人再邀请你了。

各类社团组织、学术团体聚集着各种人才，大家志趣、爱好
相投，有共同语言，可以相互切磋技艺，研究学问。定期举办的
各种活动可为其成员提供充分的交往机会，所以，不要放弃你感
兴趣的任何团体。

好好利用与人合作的机遇

与人合作的过程也是交友的过程，为扩大交际范围提供了良好的机遇，因为共同的事业是寻觅知心朋友的前提条件。

不可错过与人合作的项目，而且还要积极寻找能共同完成的事业，才可广交朋友。

培养自己的好奇心

兴趣爱好广泛的人，易于同各种人交朋友。一个人如果会打桥牌、跳舞、游泳、滑冰、打球、下棋等，爱好一多，与大家"凑趣"的机会就多，结交朋友的机会也就多了。

即使自己并不擅长某一方面，但若表现出浓厚的兴趣，博得对方的欢心，肯定了他的特点，也能引发共鸣。

集体活动时，抱有好奇心，不管谁邀请都一起参加。自己感兴趣的要去，不感兴趣的也要去，不管男性和女性都要兴致勃勃地。只有这样才能让人感受你的魅力，并让人感受快乐的气氛。当大家聚到一起时，不要忘了这一点。

此外，要关心各种问题。常关心大家所关心的事，特别是关心你结交的人们所感兴趣的事情。

不要让性格差异成为障碍

常言道：物以类聚，人以群分。志趣相投的人容易接近，反之，则容易疏远。但要记住，社交与选择朋友不完全是一回事。社交圈中，更多的不是朋友，或者只是普普通通的朋友。因此，在社交过程中，不要用选择朋友甚至是知心朋友的条件来做标准，不要将凡是志趣不符、性格不合的人一概拒之门外。

在社交圈中认识的新朋友应是与你有较大差别的人才好。朋友在知识结构、兴趣爱好、生活经历、气质性格等方面存在差别，有助双方广泛地了解形形色色的社会生活。新朋友的见解即使与你大相径庭、迥然不同，也是一大幸事，这可以补充、丰富你的思想。

积极参加集体活动

有些人不喜欢参加集体活动，这些人老埋怨自己没有朋友，实际就是缺少热情。无论大家做什么，需要多少时间，就知道做自己喜欢的事情，绝不与大家一起干。什么都是自己决定，自己能领会的才想做，像这样的个性很强的人是很难交到朋友的。

莫与小人较劲

敌人本来并不存在，只是由于某种原因才出现。

不主动欺负人，也不随便让别人踩到你的头上，这才是正确的人生观。

"没有敌人的人生太寂寞。"这位先哲真是好大的口气。试想，谁希望以敌人的存在来充实自己的人生经历呢？其实，如果仔细想想，你的敌人是谁呢？是不是从出生开始就有敌人存在或存在的只是你的假想敌？敌人本来并不存在，只是由于某种原因才出现。或者是原来的朋友反目成仇，也许将来还会变成朋友。不打不相识，你们为什么不能成为朋友呢？把你的敌人看作你的朋友，如果你这样做了，说明你每天在一点点地提高自己，开阔自己。

但是，礼让并不是无原则地一味退让，并不是对所有的事都保持沉默。不要以为这样你才有深度、有内涵，是一个胸襟博大、有容人之量的人。事实恰恰相反，如果你这么做，别人只会把你看作懦弱无能、愚笨无知的代名词，绝对不会正视你的存在。在某些时候，你不得不去争取，去辩论，去实现自己存在的价值，去批评、反击忍无可忍的事情，别人绝对不会说你肤浅狭隘，有些事情，如果你不去做，别人又怎么会知道？

一个人的口才十分厉害，人人对他退避三舍，唯恐被他当众取笑一番。碰上这种人，不管你反唇相讥或沉默不语，别人只会含笑欣赏这一幕闹剧。最难缠的人物，莫如那些生性浅薄而缺乏自知之明的人，他们以攻击人家的弱点为乐事，得理不饶人，叫你丢尽面子才肯罢休。如果在你的周围刚好出现这样一个人物，他说话的声音特别嘹亮，每句话像飞刀一样直插听者的心中，令人又惊又怒，你应该如何做出适当的反应，让对方晓得你并不好欺负，而又不失自己的风度？

喜欢图一时之快，嘲笑别人，以求达到伤害对方自尊心为目的的人，都有一个通病——欺善怕恶。由于缺乏涵养，认为别人无言以对，把对方踩在脚下，自己便会升高一级，增加自我的价值，结果慢慢地便形成一种暴戾习气，对人对事一味挑剔，还自认为具有非凡的洞察力，并见识过人。别人越是显出畏惧，他们越是得意扬扬，尖酸刻薄的话，一吐为快，毫不知道收敛。

面对这种自以为口才很好，却令人讨厌的人时，你既不要随便示弱，也无须自我降格，跟他针锋相对。你应该这样做：

1. 在对方说得起劲，更难听的话也冲口而出的时候，你实在不必再忍受这样肤浅的人，你可以站起来礼貌地说："对不起，请继续你的演说，我先走了。"如果对方还有一点自尊的话，他应该感到羞耻。

2. 当他正在兴奋地把你的弱点一一挑出来取笑时，你只需平静地定睛看着他，像一个旁观者，兴味盎然地欣赏眼前这个小丑的每一个表情，对方便会难以再唱独角戏。

3. 当他实在太惹人讨厌，总是找你的麻烦，每句话都针对你时，你要尽量抑制怒气，装听不见，切勿中了对方的诡计，跟他唇枪舌剑。如果你根本不理会他，他便无法再独白下去，他的弱点会因此而暴露无遗，有目共睹，同时显出你的涵养非比寻常。

有些人是天生的"疯子"，你对他的所作所为非常厌恶，但又无可奈何，你只能用"不可理喻"四字来形容他。如果他特别针对你，像一只疯狗似的到处吠你，穷追不舍，你的烦恼自然会大大增加，他甚至可能做出损人不利己的行为，后果更是不堪设想。你既没有足够的精力与时间跟他周旋到底，以牙还牙，看看鹿死谁手，又不愿与这种人纠缠下去，以免降低人格。面对这种矛盾的情形，什么才是最明智的处理方法？或者，你会说："我不会跟这种人计较，不愿为他浪费我的宝贵光阴，我想他疯够了便会停下来，永远对这个人敬而远之就是了。"你也可能会说："我会找他出来当大家面说清楚，请其他朋友主持公道，看看谁是谁非，我不要自己蒙上不白之冤。"其实这种人之所以可恶可恨，完全是因为他们心术不正，满脑子是害人的歪念，以致面目也变得奸险狰狞，看见受害者摊上麻烦、心绪不宁，他们便乐不可支。对付这种卑鄙小人，你不能动气、讲道理，或妄想以情义打动他们的心。对方故意跟你过不去，除了自叹遇上恶人，你所能做的，便是对着镜子做一下深呼吸，长舒一口气，承认你交错这样一个朋友。尽管内心隐隐作痛，还是要努力控制情绪，表面上不动声色，从此对这个人不存半点希望，不让他再有机会影响自己的生活，任由他到处乱吠好了。既然他已失去了理智，你又何必跟一个疯子苦苦理论？

如果你对某些不可理喻的人已经束手无策，无奈之余只得说一声"我不生气"的时候，你有没有想过要掌握一些技巧来正确地提出自己的要求呢？你肯定有这个愿望，那么你又该如何表达自己的意愿呢？

在公共场合里，我们时常会遇到一些不受欢迎的人物。例如，在电影院里，年轻人忘情地大叫大笑，高谈阔论；在音乐会中，邻座的观众不停地讲话，令你十分苦恼，你想出声请他们安静下来，却碍于礼貌，不愿当众指责对方，只有独自忍受。这样，你会变得越来越内向怕事，不敢据理力争，凡事得过且过。

不主动欺负人，也不随便让别人踩到你的头上，这才是正确的人生观。一味迁就自私自利的人，容忍对方对自己造成的间接伤害，没有人会因你的仁慈而心存感谢；相反，懦弱无能或许是别人对你的形容。其实，一个真正有涵养的人，面对上述情形的时候，他会有这些表现：当对方的行为实在太过分，令人忍无可忍之际，他不害怕挺身而出，大胆地告诉对方带给他人的不良影响，由于其态度是诚恳而义正词严的，对方会感到惭愧。

如果你出言不逊，大声怒斥道："你这个自私的人，知不知道你说话的声音太大，惹人讨厌。"对方的反应必然是怒目而视，反唇相讥，不但不会合作，反而故意跟你作对，引起激烈的争执。你应该这样说："先生，请你说话小声一点好吗？"或者"请你保持安静，谢谢。"与其直斥其非，不如清楚地告诉对方你要他怎样做，更能使他明白自己带给他人的不良影响，乐意与你合作。

培养说话技巧，在不伤害他人自尊心的情况下，达到你心目中的效果，何乐而不为？一个人在愤怒的时候，他的言行通常会出错，无论何时何地，你必须切记这一点。

无事也登"三宝殿"

所谓真正可以亲密往来的对象，愈是无事相求时愈能尽情通电话。反之，遇上有事相托时，即使三言两语，彼此也能明白对方想说的话，"OK，你不用多说"，通话时间也相对缩短。遇上有事相求时，可以开门见山地提出请求。

尽管如此，只有遇上求助场合才会打电话的行为，未免太自私，鲜少打电话来的人一旦打电话来，心里正想着不知有何事情，不料闲聊30分钟后，对方忽然说："你能否替我要几张演奏会的入场券？"这种情形时常可见。这绝对不是令人愉快的事情。有事相托才会打电话来的人，不免令人怀疑对方只是在利用自己。至少，这种情形无法发展成健全的人际关系。

自己与他人联络时，如果突然就向平常疏于招呼的对象提出恳求时，由于明白对方心里感觉"遭到利用"，因此自己也会变成愈来愈不好意思打电话给对方。

对方万一是自己想请求帮忙的对象，即使是平常无事相托时，也有必要认真地保持联络。倘若是平时保持联系的对象，即使是困难的请求也容易开口提出，而对方也必定不会觉得自己遭利用，并能轻快应允协助。

反过来说，如能保持无事相求时也能轻松相互联络的关系，才是最理想的状态。为了联络，必须一一捏造出理由才能打电话的关系，在万一的情况下是无法发挥作用的。

　　即使是男女之间，夜里心血来潮拨电话给对方，但听到对方问"有什么事"时，再也没有比对方提出这种问题更令人伤心的了。由于不是工作上的电话，如果被问及这样的问题，大致可以确定是无希望可言。如果不能成为没事也能通电话的对象，绝对无法建立恋爱关系。

　　"路子"的情形亦相同，所谓真正可以亲密往来的对象，愈是无事相求时愈能尽情通电话。反之，遇上有事相托时，即使三言两语，彼此也能明白对方想说的话，"OK，你不用多说"，通话时间也相对缩短。遇上有事求时，可以开门见山地提出请求。

　　为了让"路子"发挥作用，你应尽量多储备这种对象。万一遇到情况，可以当作网络加以活用，是完全取决于"无事也登三宝殿"的功夫。

第二章　不露痕迹，改变他人

不要把意见硬塞给别人

没有人喜欢被强迫购买或遵照命令行事。我们宁愿觉得是出于自愿购买东西，或是按照我们自己的想法来做事。我们很高兴有人来探询我们的愿望、我们的需要，以及我们的想法。

你对于自己发现的想法，是不是比别人用银盘子盛着交到你手上的那些想法，更有信心呢？如果是这样的话，那么，如果你要把自己的意见硬塞入别人的喉咙里，岂不是很差劲的做法吗？提出建议，然后让别人自己去想出结论，那样不是更聪明吗？

没有人喜欢被强迫购买或遵照命令行事。我们宁愿觉得是出于自愿购买东西，或是按照我们自己的想法来做事。我们很高兴有人来探询我们的愿望、我们的需要，以及我们的想法。

当西奥多·罗斯福当纽约州州长的时候，他取得了一项很不寻常的功绩。他一方面和政治领袖们保持良好的关系，另一方面又进行一些他们十分不高兴的改革。底下是他的做法。

当某一个重要职位空缺时，他就邀请所有的政治领袖推荐接任人选。"起初，"罗斯福说，"他们也许会提议一个很差劲的'党棍'，就是那种需要'照顾'的人。我就告诉他们，任命这样一个人不是好决策，大家也不会赞成。

"然后他们又把另一个'党棍'的名字提供给我，这一次是个老公务员，他只求一切平安，少有建树。我告诉他们，这个人无法达到大众的期望，接着我又请求他们，看看他们是否能找到一个显然很适合这职位的人选。

"他们第三次建议的人选，差不多可以，但还不太行。

"接着，我谢谢他们，请求他们再试一次，而他们第四次所推举的人就可以接受了。于是他们就提名了一个我自己也会挑选的最佳人选。我对他们的协助表示感激，接着就任命那个人——我还把这项任命的功劳归之于他们……我告诉他们，我这样做是为了能使他们感到高兴，现在该轮到他们使我高兴了。

"而他们真的使我高兴。他们以支持像'文职法案'和'特别税法案'这类全面性的改革方案，来使我高兴。"

记住，罗斯福尽可能地向其他人请教，并尊重他们的忠告。当罗斯福任命一个重要人选时，他让那些政治领袖觉得，他们选出了适当的人选，完全是他们自己的主意。

让别人觉得办法是他想出来的，不只可以运用于商场和政坛上，也同样可以运用于家庭生活之中。俄克拉荷马州叶萨市的保罗·戴维斯，告诉公司同事他是如何运用这个准则：

"我和我的家庭享受了一次最有意思的观光旅行。我以前早就梦想着要去看看诸如盖弟斯堡的内战战场、费城的独立厅等历史古迹，以及美国的首都。法吉谷、詹姆斯台以及威廉士堡保留下来的殖民时代的村庄，也都罗列在我想造访的名单上。

"3月，我夫人南茜提到她有一个夏天度假计划，包括游览西部各州，以及看看新墨西哥州、亚利桑那州、加州以及内华达州的观光胜地。她想去这些地方游玩已经有好几年了。但是很明显地，我们不能既照我的想法又照她的计划去旅行。

"我们的女儿安妮刚刚在初中读完了美国历史，对于那些历史事件很感兴趣。我问她喜不喜欢在我们下次度假的时候，去看看她在课本上读到的那些地方，她说她非常喜欢。

"两天以后，我们一起围坐在餐桌旁，南茜宣布，如果我们大家都同意，在夏天度假的时候将去东部各州。她还说，这趟旅行不但对安妮很有意义，对大家来说，也是一件令人兴奋的事。"

一位 X 光机器制造商，利用同样的心理战术，把他的设备卖给了布鲁克林一家最大的医院。那家医院正在扩建，准备成立全美国最好的 X 光科。L 大夫负责 X 光科，整天受到推销员的包围，他们一味歌颂、赞美他们自己的机器设备。

然而，有一位制造商却更具技巧。他比其他人更懂得对付人性的弱点。他写了一封信，内容大致如下：

"我们的工厂最近完成了一套新型的 X 光设备。这批机器的第一部分刚刚运到我们的办公室来。我们知道它们并非十全十美，我们想改进它们。因此，如果你能抽空来看看它们并提出你的宝贵意见，使它们能改进得对你们这一行业有更多的帮助，那我们将不胜感激。我知道你十分忙碌，我会在你指定的任何时候，派我的车子去接你。"

"接到那封信时，我感觉很惊讶，"L 大夫在班上叙述这件事说，"我既觉得惊讶，又觉得受到很大的恭维。以前从没有任何一位 X 光制造商向我请教。这使我觉得自己很重要。那个星期，我每天晚上都很忙，但我还是推掉了一个晚餐约会，以便去看看那套设备。结果，我看得愈仔细，愈发觉自己十分喜欢它。

"没有人试图把它推销给我。我觉得，为医院买下那套设备，完全是我自己的主意，于是就把它订购下来。"长岛一位汽车商人，也是利用这样的技巧，把一辆二手汽车，成功地卖给了一位苏格兰人。

这位商人带着那位苏格兰人看过一辆又一辆的车子，但总是不满意。这不适合，那不好用，价格又太高，他总是说价格太高。在这种情况下，这位商人就向同学求助。

他们劝告他，停止向那位"苏格兰佬"推销，而让他自动购买。他们说，不必告诉"苏格兰佬"怎么做，为什么不让他告诉你怎么做？让他觉得出主意的人是他。

这个建议听起来相当不错。因此，几天之后，当有位顾客希望把他的旧车子换一辆新的时，这位商人就开始尝试这个新的方法。他知道，这辆旧车子对"苏格兰佬"可能很有吸引力。于是，他打电话给"苏格兰佬"，请他能否过来一下，特别帮个忙，提供一点建议。

"苏格兰佬"来了之后，汽车商说："你是个很精明的买主，你懂得车子的价值。能不能请你看看这部车子，试试它的性能，然后告诉我这辆车子，应该出价多少才合算？"

"苏格兰佬"的脸上泛起一个"大笑容"。终于有人来向他请教了，他的能力已受到赏识。他把车子开上皇后大道，一直从牙买加区开到佛洛里斯特山，然后开回来。"如果你能以300美元买下这部车子，"他说，"那你就买对了。"

"如果我能以这个价钱把它买下，你是否愿意买它？"这位商人问道。300美元？果然，这是他的主意、他的估价，这笔生意立刻成交了。

爱默生在他的一篇散文中说："在天才的每一项创作和发明之

中，我们都看到了我们过去摒弃的想法，这些想法再呈现在我们面前的时候，就显得相当的伟大。"

爱德华·豪斯上校，在威尔逊总统执政的期间，在国内及国际事务上有极大的影响力。威尔逊对豪斯上校的秘密咨询及意见依赖的程度，远超过对自己内阁的依赖。

豪斯上校利用什么方法来影响总统呢？很幸运地，我们知道这个答案。因为豪斯自己曾向亚瑟 .D. 何登·史密斯透露，而史密斯又在《星期五晚邮》的一篇文章中引述了豪斯的这段话。

"'认识总统之后，'豪斯说，'我发现，要改变他一项看法的最佳办法，就是把这件新观念很自然地建立在他的脑海中，使他产生兴趣——使他自己经常想到它。第一次这种方法奏效，纯粹是一次意外。有一次我到白宫拜访他，催促他执行一项政策，而他显然对这项政策不赞成。但几天以后，在餐桌上，我惊讶地听见他把我的建议当作他自己的意见说出来。'"

豪斯是否打断他说："这不是你的主意，这是我的？"哦，没有，豪斯不会那么做。他太老练了，他不愿追求荣誉，他只要成果。所以他让威尔逊继续认为那是他自己的想法。豪斯甚至更进一步，他使威尔逊获得这些建议的公开荣誉。

且让我们记住，我们明天所要接触的人，就像威尔逊那样具有人性的弱点，因此，让我们使用豪斯的技巧吧。

说服人最好的办法是：让别人觉得办法是他想出来的。

"高帽子"的妙用

　　给他们一个好的名声来作为努力的方向，他们就会
痛改前非、努力向上，而不愿看到你的希望破灭。

　　假如一个好工人变成粗制滥造的工人，你会怎么做？你可以解雇他，但这并不能解决任何问题。你可以责骂那个工人，但这只能常常引起怨怒。

　　亨利·汉克，他是印第安纳州洛威一家卡车经销商的服务经理，他公司有一个工人，工作每况愈下。但亨利·汉克没有对他吼叫或威胁他，而是把他叫到办公室里来，跟他坦诚地谈一谈。

　　他说："比尔，你是个很棒的技工。你在这条线上工作也有好几年了，你修的车子也都很令顾客满意，其实，很多人都赞美你的技术好。可是最近，你完成一件工作所需的时间却加长了，而且你的质量也比不上你以前的水准。你以前真是个杰出的技工，我想你一定知道，我对这种情况不太满意，也许我们可以一起想个办法来改正这个问题。"

　　比尔回答说他并不知道他没有尽好他的职责，并且向他的上司保证，他所接的工作并未超出他的专长之外，他以后一定会改进它。

　　他做到了没有？你可以肯定他做到了。他曾经是一个快速优秀的技工，朝着汉克先生给他的那个美誉去努力，他怎么会做些不及过去的事呢。

　　包汀火车厂的董事长撒慕尔·华克莱说："假如你尊重一个

人，一般人是容易诱导的，尤其是当你显示你尊重他是因为他有某种能力时。"

总之，你若要在某方面去改变一个人，就把他看成他已经有了这种杰出的特质。莎翁曾说："假如你没有一种德行，就假装你有吧！"更好的是，公开的假设或宣称他已有了你希望他有的那种德行，给他们一个好的名声来作为努力的方向，他们就会痛改前非、努力向上，而不愿看到你的希望破灭。

比尔·派克是佛罗里达州得透纳海滩一家食品公司的业务员，他对公司新系列的产品感到非常期待；但不幸的是，一家大食品市场的经理取消了产品陈列的机会，这令比尔很不高兴。他对这件事想了一整天，决定下午回家前再去试试。

他说："杰克，我今天早上走时，还没有让你真正了解我们最新系列的产品，假如你能给我些时间，我很想为你介绍我漏掉的几点。我非常敬重你有听人谈话的雅量，而且非常宽大，当事实需要你改变时你会改变你的决定。"

杰克能拒绝再听他谈话吗？在这个必须维持的美誉下，他是没办法这样做的。

爱尔兰都柏林有一位牙医马丁·贵兹，有一天早晨，当他的病人指出她用的漱口杯、托盘不干净时，他真的震惊极了。不错，他用的是纸杯，而不是托盘，但生锈的设备，显然表示他的职业水准是不够的。

当这位病人走了之后，贵兹医生关了私人诊所，写了一封信给布利基特——一位女佣，她一个礼拜来打扫两次。他是这样写的：

亲爱的布利基特：

最近很少看到你。我想我该抽点时间，为你做的清洁工作致意。顺便一提的是，一周两小时，时间并不算少，假如你愿意，请随时来工作半个小时，做些你认为应该经常做的事，像清理漱口杯、托盘等。当然，我也会为这额外的服务付钱的。

贵兹医生

第二天他走进办公室时，他的桌子和椅子擦得几乎跟镜子一样亮，他几乎从上面滑了下去。当他进了诊疗室后，看到从未见过的干净，光亮的铬制杯托放在储存器里。他给了他的女佣一个美誉促使她去努力，而且就只为这一个小小的赞美，她表现出了最卖力的一面，而且没有花额外的时间。

纽约布鲁克林的一位四年级老师鲁丝·霍普斯金太太在学期的第一天，看过班上的学生名册时，她对新学期的兴奋和快乐却染上忧虑的色彩：今年，在她班上有一个全校最顽皮的"坏孩子"——汤姆。他三年级的老师，不断地向同事或是校长抱怨，只要有任何人愿意听。他不只是做恶作剧，还跟男生打架、逗女生、对老师无礼、在班上扰乱秩序，而且好像是愈来愈糟。他唯一能稍事补偿的特质是：他很快就能学会学校的功课，而且非常熟练。霍普斯金太太决定立刻面对汤姆的问题。当她见到她的新学生时，她讲了些话："罗丝，你穿的衣服很漂亮；爱丽西亚，我听说你画画很不错……"当她念到汤姆时，她直视着汤姆，对他说："汤姆，我知道你是个天生的领导人才，今年我要靠你帮我把这班变成四年级最好的一班。"头几天她一直强调这点，夸奖汤姆所做的一切，并评论他的行为正代表着他是一位很好的学生。有了值得奋斗的美名，即使只是一个 9 岁大的男孩也不会令她失望，而他真的做到了这些。

批评人勿忘多鼓励

一旦发现他人出现错误，我们很多人往往首先想到
的就是如何批评。

当他人出现错误时，在批评之后，应多采用鼓励的
方式与他交流。

一旦发现他人出现错误，我们很多人往往首先想到的就是如
何批评，使之改正。事实上，与批评相比，鼓励似乎更容易使人
改正错误，并且更易让对方去做你所期望的事情。所以，当他人
出现错误时，你首先应该考虑一下，是否非得批评不可，应该怎
样批评。如果可能的话，在批评之后，鼓励一下对方，同时也不
影响你们的关系。

你要是跟你的孩子、伴侣、雇员说他做某件事显得很笨，很
没有天分，那你就做错了，这等于毁了他所有求进步的心。但如
你用相反的方法，宽宏地鼓励他，使事情看起来很容易做到，让
他知道，你对他做这件事的能力有信心，他的才能还没有发挥，
这样他就会练习到黎明，以求自我超越。

卡耐基有一个光棍朋友，年约40岁，最近刚订婚。他的未婚
妻一直怂恿他去学跳舞。这位朋友说道："天知道我的确应该去学
跳舞。20年前，我第一次跳舞，当时的技术和现在一直都没什么
两样。我的第一位老师或许讲得不假，她说，我的舞步全错了，
必须从头学起。此话颇伤我的心，以致学舞的兴致完全消失无踪，

我的学舞生涯也至此宣告结束。

"现在这位老师不知是不是哄我，但她讲的话我听了真喜欢。第一位老师由于强调的是我不对的地方，以致让我失去学习的兴趣；第二位老师则正好相反，她一直称赞我的长处，对我的短处则尽量不提。她曾对我说：'你具有天生的节拍感，可说是天生的舞蹈家呢！'虽然，直到现在，我仍然感觉到自己并没有什么跳舞细胞，技术也一直没什么进步。但在内心深处，我还是希望这位新老师所说的话'或许'没错，所以便继续付钱让她讲这些话。

"我知道，假如她没有告诉我我天生有韵律感，我今天还跳不到这么好。她鼓励我，给我希望，让我想要更进步。"

卡耐基训练班的一个学员讲述了他的儿子是如何在他的鼓励下改变的事：

"我的儿子大卫15岁那年到辛辛那提来跟我住。他的命运坎坷。在一次车祸中脑部受伤需要开刀，这次手术在他前额留下了一道难看的疤。直到15岁，他都是在达拉斯的特别班里，因为他的学习速度很慢。也许是因为疤的关系，学校判定他的脑部受伤，无法正常学习。他比同年的小孩慢了两年，所以他现在才七年级，且还不会乘法，他都用手指算数，也不太会念书。

"但是，他喜欢研究收音机和电视。他想做个电视机技师。我鼓励他这件事，并告诉他需要数学好才能参加训练。我决心要在这件事上帮他做到熟练。我们买了4组彩色卡片：加法、减法、乘法、除法。我们一边看卡片，大卫一边把正确的答案放在空白栏内，假如他漏掉了，我就给他正确的答案，他再把它放上去，直到全部放完为止。我费了很大劲才让他把每一个卡片都弄对，尤其是先前错过一次的。每天晚上我们都放一次卡片，放完为止。每天晚上，都用一只不走的手表计时，我向他保证，假如他能在

8 分钟内做对全部的卡片而且没有错误，那就不用每天晚上做了。这对大卫来说似乎不太可能。第一次，他用了 52 分钟，第二次，48 分钟，然后是 45、40、41，然后是少于 40 分钟了。每次的进步，我们都加以庆祝，到月底时，他已经能在 8 分钟之内正确地放完所有的卡片了。每当他有点进步时，他会要求再做一遍。他终于神奇地发现，学习是容易和有趣的。

"这时，他的代数成绩突飞猛进。他自己也觉得惊奇，因为他拿回家的成绩单，数学得了 B，这在以前从没发生过。其他的变化也快得令人难以置信。他的阅读能力也快速进步，他开始会用他的天赋画图。在学期末，他的科学老师指定他筹办一个展览，他选择了用一种高难度的模型来证明杠杆原理。那不但需要画画和制造模型的技巧，而且要应用数学。这个展览，他拿了学校科学展的第一名，因此而参加了市展的比赛，也拿到了辛辛那提市展的第三名。"

他曾是一个留级两年的孩子，被学校认定脑部受损，被他的同学叫"原始人"，又说他的大脑在脑部的缺口漏了出去。突然，他发觉他能够学习而且去完成一些工作，结果呢？从八年级的最后一学期起一直到高中，他都排在荣誉榜上；在高中时，他被选拔至全国荣誉协会。一旦他发现学习是容易的，他整个生命都变了。

用赞誉作开场白

通常，在我们听到别人对我们的某些长处赞扬之后，再去听一些比较令人不痛快的批评，总是好受得多。

用赞扬的方式批评，就好像牙医用麻醉剂一样，病人仍然要受钻牙之苦，但麻醉却能消除苦痛。

在柯立芝总统执政期间，他的一位朋友接受邀请，到白宫去度个周末。他偶然走进总统的私人办公室，听见柯立芝对他的一位秘书说："你今天早上穿的这件衣服很漂亮，你真是一位迷人的年轻小姐。"

这可能是沉默寡言的柯立芝一生当中对一位秘书的最佳赞赏了。这来得太不寻常，太出乎意料了，因此那位女孩子满脸通红，不知所措。接着，柯立芝又说："现在，不要太高兴了。我这么说，只是为了让你觉得舒服一点。从现在起，我希望你对标点符号能稍加小心一些。"

他的方法可能太过明显，但其心理策略却很高明。通常，在我们听到别人对我们的某些长处赞扬之后，再去听一些比较令人不痛快的批评，总是好受得多。

而麦金尼远在1896年竞选总统时，就曾采用这种方法。当时，共和党一位重要人士写了一篇竞选演说，以为写得比任何人都高明。于是，这位仁兄把他那篇不朽演说大声念给麦金尼听。那篇演说确实有一些很不错的观点，但是很可能会惹起一阵批评狂潮。麦金尼不愿使这人伤心，他不想抹杀这人的无比热诚，然而他却又必须说"不"。请注意，他把这件事处理得多巧妙。

"我的朋友，这是一篇很精彩有力的演说，"麦金尼说，"没有人能写得比你更好。在许多场合中，这些话说得完全正确，但在目前这特殊场合中，是否相当合适呢？从你的观点来看，这篇演说十分有力且切题，但我必须从共和党的观点来考虑它所带来的影响。现在你回家去，根据我的提示写一篇演说稿，并且送我一份副本。"

他真的照办了。麦金尼替他改稿，并让他重写了第二篇演说稿。他后来终于成为竞选活动中最有力的一名演说者。

这种方法在日常的生意来往上也能奏效。我们以费城华克公司的高先生为例。

高先生在某次上课之前的演讲会上，讲述了下面这一则故事。

华克公司承包了一项建筑工程，预定于一个特定日期之前，在费城建立一幢庞大的办公大厦。一切都照原定计划进行得很顺利，大厦接近完成阶段，突然，负责供应大厦内部装饰用的铜器的承包商宣称，他无法如期交货。什么！整幢大厦耽搁了！巨额罚金！重大损失！全因为一个人。

长途电话、争执、不愉快的会谈，全都没效果。于是高先生奉命前往纽约，到"狮穴"去擒他的"铜狮子"。

"你知道吗？在布鲁克林区，有你这个姓氏的，只有你一个人。"高先生走进那家公司董事长的办公室之后，立刻就这么说。

董事长很吃惊："不，我并不知道。"

"哦，"高先生说："今天早上，我下了火车之后，就查阅电话簿找你的地址，在布鲁克林的电话簿上，有这个姓的，只有你一人。"

"我一直不知道，"董事长说，他很有兴趣地查阅电话簿，"嗯，这是一个很不平常的姓。"他骄傲地说："我这个家族从荷兰移居纽约，几乎有 200 年了。"一连好几分钟，他继续说他的家族及祖先。当他说完之后，高先生就恭维他拥有一家很大的工厂，高先生说他以前也拜访过许多同一性质的工厂，但跟他这家工厂比起来就差得太多了。"我从未见过这么干净整洁的铜器工厂。"高先生如此说。

"我花了一生的心血发展这个事业，"董事长说，"我对它感到十分骄傲。你愿不愿意到工厂各处去参观一下？"

在这段参观活动中，高先生恭维他的组织制度健全，并告诉他为什么他的工厂看起来比其他的竞争者高级，以及好处在什么地方。高先生对一些不寻常的机器表示赞赏，这位董事长就宣称是他发明的。他花了不少时间，向高先生说明那些机器如何操作，以及他们企业的工作效率多么良好。他坚持请高先生吃午饭。你一定注意到，目前为止，高先生一句话也没有提到此次访问的真正目的。

吃完午饭后，董事长说："现在，我们谈谈正事吧。自然，我知道你这次来的目的。我没有想到我们的相会竟是如此愉快。你可以带着我的保证回到费城去，我保证所有的材料都将如期运到，即使其他的生意都会因此延误也不在乎。"

高先生甚至未开口，就得到了他想要的所有的东西。那些器材及时运到，大厦就在契约期限届满的那一天完工了。

在这种情况下，如果高先生使用大多数人使用的那种大吵大闹的方法，这种美满的结果会发生吗？

用赞扬的方式批评，就好像牙医用麻醉剂一样，病人仍然要受钻牙之苦，但麻醉却能消除苦痛。

"旁敲侧击"更使人信服

为了不触犯对方的自尊心，即使发现了对方的错误，
也不要立刻指出，而应采取间接的方式。

我们在批评别人时，常常会犯这样一个错误，就是当发现对方有明显的错误时，会不客气地批评对方说："那是错的，任何人都会认为那是错的！"这样一来，对方的自尊心会受到伤害，而突然陷入沉默，或挑剔你的言辞来拒绝你。

因此，为了不触犯对方的自尊心，即使发现了对方的错误，也不要立刻指出，而应采取间接的方式。

据说美国政治家富兰克林年轻时非常喜爱辩论，尤其是对于别人的错误更是不能容忍，总是穷追不舍。因此，他的看法常常不能被人接受。当他发现了自己的缺点之后，便改以疑问的形式表达自己的意见，后来他的成就是众所周知的。

由此可知，不要用"我认为绝对是这样的！"这类口气威压对方，用"不知道是不是这样？"这种委婉的态度与对方交谈效果会更好。

批评是我们常用的一种手段，但我们有些人批评起来简直让他人无地自容，下不了台阶。其实，这种批评方式不但无法达到让他人改正错误的目的，而且有碍你的人际关系。既然如此，为何还要使用这种"残酷"的手段呢？

在生活和工作中，我们不可能不批评，但要学会巧妙地批评，

让他人既意识到自己的错误，并尽快改正，同时也理解你善意批评的意图，使他对你心存感激。

一天下午，查理·夏布经过他的一家钢铁厂，撞见几个雇员正在抽烟，而他们的头顶上正挂着"请勿吸烟"的牌子。那么夏布先生是如何处理此事的呢？他并没有指着牌子说："你们难道不识字吗？"而只是走过去，递给每人一支烟，然后道："老兄，如果你们到外边抽，我会很感谢你们。"员工当然知道自己破坏了规定，但是夏布先生不但没说什么，反而给了每个人一样小礼物，你能不敬重这样的老板吗？谁能不敬重这样的老板呢？

不直接说出对方的错误，而是通过间接的方式让对方自己去发现并改正自己的错误；在禁止对方不要做某件事时，不使用直接禁止的语言，而是劝说对方做与之完全相反的事情。如果直接禁止对方只会招致反感，而采取不禁止，只是劝说对方做与之相反的事情的方法，却能收到良好的效果。

后备军人和正规军人最大的不同就是理发，后备军人认为他们是老百姓，因此非常痛恨剪短头发。

美国陆军第五百四十二分校的士官长哈雷·凯塞，当他带了一群后备军官时，他要求自己要解决这个问题。跟以前正规军的士官长一样，他可以向他的部队吼几声或威胁他们，但他不想直接说他要说的话。

他开始说了："先生们，你们都是领导者。当你以'身教'来领导他人时，那就再有效不过了。你必须为下属做个榜样。你们该了解军队对理发的规定，我今天也要去理发，而我的头发却比某些人的头发要短得多。你们可以对着镜子看看，你要做个榜样的话，是不是需要理发了，我们会帮你安排时间到营区理发部来理发。"

成果是可以预料的。有几个人自愿到镜子前看了看，然后下午到理发部去按规定理发。第二天早晨，凯塞士官长讲评时说，他已经可以看到，在队伍中有些人已具备了领导者的气质。

在1887年3月8日，美国最伟大的牧师及演说家亨利·华德·毕奇尔逝世。就在那个礼拜天，莱曼·阿伯特应邀向那些因毕奇尔的去世而哀伤不语的牧师们演说。他急于作最佳表现，因此把他的讲演词写了又改，改了又写，并像大作家福楼拜那样谨慎地加以润饰。然后他读给他的妻子听，写得很不好——就像大部分写好的演说一样。如果她的判断力不够，她也许就会说："莱曼，写得真是糟糕，行不通，你会使所有的听众都睡着的，念起来就像一部百科全书似的。你已经传道这么多年了，应该有更好的认识才是。看在老天爷的分上，你为什么不像普通人那般说话？你为什么不表现得自然一点？如果你念出像这样的一篇东西，只会自取其辱。"

她并没有那么做，而是称赞了这篇讲稿，但同时很巧妙地暗示出，如果用这篇讲稿来演说，将不会有好效果。莱曼·阿伯特知道她的意思，于是把他细心准备的原稿撕破，后来讲道时甚至不用笔记。

第三章　如何使交谈变得更愉快

假如我是他

　　告诉自己：假如我是他，我会怎么想？我会怎么做？这么一来，不但可以节省时间，还会减少许多不快。

　　明天，在你开口要求别人熄火、购物或认捐任何款项之前，请先闭上眼睛，试着由别人的角度来思考事情。

　　记住，许多人做错事的时候，自己并不这么认为。所以，别去责怪这些人，只有傻子才会这么做。要想办法去了解这些人。当然，这也只有聪明、有耐心，而且有思想的人才会这么做。

　　人会有独特的想法或做法，总有其特别的理由。把这个理由找出来，便可以了解他为什么要这么做，甚至还可以帮你了解此人的性格。

　　要真诚地站在此人的立场上看事情。

　　告诉自己：假如我是他，我会怎么想？我会怎么做？这么一来，不但可以节省时间，还会减少许多不快。因为，"假如你对事情的原因感兴趣，通常对其所产生的影响也一样感兴趣"，更何况这还可以大大增进你对人际关系的了解。

肯尼斯·谷迪在其著作《点石成金》一书中说道："且预留几分钟，先考虑一下自己对本身事务感兴趣的情形，还有对一般事务关注的程度——两者相比较之后，你或许会了解，众人也大概都是如此。"

我们再由林肯和罗斯福等人的处世方法中学习处理人际关系的基本原则。那就是：从别人的立场去看事情。

住在纽约的山姆·道格拉斯夫妇，4年前刚迁入新居的时候，由于道格拉斯太太花了太多时间整理草地——拔草、施肥、每星期割两次草。但是，整片草地看起来也只不过和他们搬进去的时候差不多。于是，道格拉斯先生便常劝太太不用那么费力气，道格拉斯太太为此颇感沮丧。而每次道格拉斯先生这么说的时候，当晚家中的宁静气氛便被破坏了。

道格拉斯先生参加了训练班课程之后，深觉多年来的做法不对。他从没想过，或许他的太太本就喜欢园艺工作，她需要的是赞赏而不是指责。

一天傍晚，用过晚餐之后，道格拉斯太太又准备到庭院除草，并且问道格拉斯先生愿不愿意陪她一道去。道格拉斯先生本不太感兴趣，但一想到那是太太的嗜好，最好不要拒绝，便急忙答应愿意帮忙。道格拉斯太太十分高兴，那天傍晚，他们除了用心除草之外，还谈得十分愉快。

自此以后，道格拉斯先生便常常帮太太整理庭院，也常常称赞太太把庭院整理得多么好。结果：他们的家庭生活大为改进。由于道格拉斯先生能站在太太的立场看事情——虽然只是除草这一类的小事，而事情却能获得圆满解决。

吉拉德·奈伦保在其著作《与人交往》一书中评论道："在你同别人谈话的时候，假如能表现出十分重视对方的想法和感受，便可赢得对方的合作。所以，你应该先表明自己的目的或方向，然后倾听对方发言，再根据对方的意见决定该如何应答。总之，要敞开心灵接受对方的观点，如此，对方也相对地会比较愿意接受你的看法。"

生活在澳大利亚的伊丽莎白·诺瓦克，她的汽车分期付款已迟了 6 个星期。她在报告中说道："某个礼拜五，我接到一通十分不客气的电话，就是处理我分期付款业务的人打来的。他告诉我，假如我不能在星期一早上付清 122 美元的欠款，公司就要进一步采取行动。我实在没有办法在周末筹到那笔钱，所以，星期一早上电话铃响的时候，我的心理早有准备。我不准备向他抱怨或诉苦，相反，我试着站在他的角度看事情。首先，我真诚地向他道歉，因为我时常不能如期付款，想必给他增添了许多麻烦。听我这么一说，他的语气马上改变了。他表示，我还不是最麻烦的顾客，有好几位顾客才真使他头痛，他举了好几个例子，说明有些顾客如何无礼，又如何会撒谎、耍赖，等等。我一直没有开口，只静听他把所有不愉快的事情倾泻出来。最后，不等我提出意见，他就先表示我可以不用马上付清欠款，只要在月底以前先缴 20 美元，然后等方便的时候再慢慢付清全额就可以了。"

所以，明天，在你开口要求别人熄火、购物或认捐任何款项之前，请先闭上眼睛，试着从别人的角度来思考事情。问问自己："他们为什么要这么做？"不错，这可能要花点时间，但却可能因此避免树敌，减少摩擦，并可达到良好的效果。

在哈佛商业学校的狄恩·唐璜说道："我宁可在面谈之前，在办公室前踱上两个钟头，也不愿意毫无准备地走进办公室。我一定要清楚自己想要讲什么，更重要的是，可以根据我对他们的了解知道他们大概会说些什么。"

假如，读完本书之后，你只得到了一样东西——能够从旁人的角度去思考、去看事情，却很可能是你一生事业的踏脚石。

鼓励对方多说

多数人让别人同意他们的观点时总是费尽口舌，其实，这种人得不偿失，因为话说多了，既费精力，又可能稍有不慎，伤害到别人。

须知世界上多半是欢迎专门听别人说话的人，很少欢迎爱自说自话的人。

多数人让别人同意他们的观点时总是费尽口舌，其实，这种人得不偿失，因为话说多了，既费精力，又可能稍有不慎，伤害到别人；另外，他们无法从他人身上吸取更多的东西，当然问题不在于别人吝啬，而是他不给别人机会。让对方尽情地说话！他对自己的事业和自己的问题了解得比你多，所以向他提出问题吧，让他把一切都告诉你。

如果你不同意他的话，你也许很想打断他。不要那样做，那样做很危险。当他有许多话急着要说的时候，他不会理你的。因此，你要耐心地听着，抱着一种开阔的心胸，诚恳地鼓励他充分地说出自己的看法。

这种方式在商界会有所收获吗？我们来看看某个人被迫去尝试的例子：

几年前，美国的一家汽车制造公司正在洽购一年所需要的布匹。三家厂商已做好了样品，并都经那家汽车公司的高级职员检验过，而且发出通知说，在一个特定的日子，三家厂商的代表都有机会对合同提出最终的申请。

其中一家厂商的代表抵达的时候正患着严重的咽炎。"轮到我去会见那些高级职员的时候，"这位先生在训练班上叙述事情的经过时说，"我嗓子已经哑了，几乎一点声音也发不出来，我站起来，努力要说话，但只能发出吱吱声。"

"汽车公司的几位高级职员都围坐在一张桌边，这时，我只好在一张纸上写着：'诸位，我的嗓子哑了，说不出话来。'

"'我来替你说吧！'汽车公司的董事长说。于是，他展示我的样品，代替我称赞它们的优点。一场热烈的讨论展开了。讨论的是我那些样本的优点。而那位董事长，因为是代表我说话，在讨论的时候就站在我的一边。我听着他们的讨论，只是微笑、点头、做几个手势而已。

"这次特殊会议的结果是我得到了合同，50万码的坐垫布匹，价值160万美元——我所得到的一笔最大的订单。

"事后我想，如果自己不是哑了嗓子，就不一定能这么顺利地得到这笔订单。这事使我很偶然地发现，有时候让对方来讲话，可能得到预料不到的收获。"

法国哲学家罗西法考说："如果你要树敌，就表现得胜过你的朋友；但如果你要得到朋友，那就让你的朋友胜过你。"事实上，即使是朋友，也宁愿对我们谈论他们自己的成就而不愿听我们吹嘘自己的成就。

如果有几个朋友聚在一起谈话，当中只有一个人口若悬河地滔滔长谈，其他的人只是呆呆地听着，这就不称其为谈话。每一个人都有发表欲。小学生见到老师提出一个问题，大家争先恐后地举起手来，希望老师叫他回答。即使他对于这个问题还没彻底地了解，只是一知半解，他还是要举起手来。成人听着人家在讲述某一事件，虽然他们并不像小学生争先恐后地举起手来，然而他的喉咙老是痒痒的，他恨不得对方赶紧讲完了，好让他来发表一下自己的观点。

如果阻遏他人的发表欲，就容易引起他人的反感，从而不会得到别人的同情。所以，不但应该让别人有发表意见的机会，还得设法引起别人的话机，使对方感觉到你是一位使人欢喜的朋友，这对你是只有好处而没有坏处的。如果你愿意和别人疏远，暗地里遭受别人的白眼，你只需在和别人说话的时候，只讲你自己的话，不要听别人讲的，而且，也不要给别人说话的机会。现实中这种人多得很，这样你将不会受人欢迎，大家以后见到你就会避开了。

著名的记者麦克逊说："不善于倾听，是不受欢迎的原因之一。一般人只注意自己应该怎样说，而不管别人。须知世界上多半是欢迎专门听别人说话的人，很少欢迎爱自说自话的人。"这几句话是确确实实的。

假如一个商店的售货员，拼命地称赞他的货物怎样好，而不给顾客说一句话的机会，未必就能做成这位顾客的生意。因为顾客认为你天花乱坠地说话，不过是一种生意经，决不会轻易相信而购买的。反过来，如果给顾客说话的机会，使他对货物有了批评的机会，你成为和他对此货物互相讨论的人，你的生意就容易做了。因为上门的顾客，他早有选择和吹毛求疵的心理，尽管把货物批评一通，但他选定了自然会掏出钱来购买的。你一味只是夸耀自己的货物，或是对顾客的批评加以争辩，这无异于说顾客没有眼光，不识好货，不是对顾客极大的侮辱吗？他受了极大的侮辱，还会来买你的货物吗？所以，与其自己唠唠叨叨地多说废话，还不如爽爽快快，让别人说话，反而会得到意想不到的效果。

你如果能够给别人说话的机会，你就给人留下了一个好印象，以后，别人和你谈话决不会见你讨厌而避开。

查尔斯·古比里就在他的面试中运用了此法。在去面谈以前，他花了许多时间去华尔街，尽可能地打听有关那个公司老板的情况。在与公司老板面谈时，他说："如果能替你们这样的一家公司做事，我将感到十分骄傲。我知道你们在 28 年前刚成立的时候，除了一个小办公室、一位速记员以外，什么也没有，对不对？"

几乎每一个功成名就的人，都喜欢回忆自己多年奋斗的情形，当然，这位老板也不例外。他花了很长时间，谈论自己如何以 450 美元和一个新颖的念头开始创业。他讲述自己如何在别人泼冷水和冷嘲热讽之下奋斗，连假日都不休息，一天工作 16 个小时。他克服了无数的不利条件，而目前华尔街生意做得最好的那几个人都向他索取资料和请教。他为自己的过去而自豪。他有权自豪，因此，在讲述过去时十分得意。最后，他只简短地询问了一下古比里的经历，就请一位副董事长进来，说："我想这是我们要找的人。"

古比里先生花了很大工夫去了解他未来老板的成就，表示出对对方感兴趣，并鼓励对方多说话，从而给人留下了一个很好的印象。

想要赢得朋友，这也是一个很好的方法。

纽约的亨丽耶塔便是例子。她是一家经纪公司的雇员。上班前几个月，她在公司里交不到一个朋友。原因何在？因为每天她总要向同事吹嘘自己取得多少生意，开了多少户头，还有其他的成就，等等。

"我深以自己的工作绩效为傲。"亨丽耶塔说道，"但我的同事并没有兴趣分享我的成就，反而显得极不高兴。我也希望在公司里受到欢迎，与大家成为好朋友。来训练班上过几堂课之后，我发现了自己的问题，便改变了待人的方式，尽量少谈自己，而多听别人讲话。别人也有许多事情想吹嘘一番。这比只听我个人吹嘘有意思多了。现在，只要一有聊天的机会，我就要求他们把自己的欢乐拿出来分享，而我只在他们提出要求的时候，才谈一点自己的成就。这样一来，大家便开始与我接近，很快我就交了许多朋友。"

从双方都同意的事说起

语词上，强调的是"我们"，而不是"你""我"的对立。不但没有任何贬抑的用语，反而只有诚意的邀请，邀请对方一起来解决问题。

不论对方持有什么样的先入之见或偏见，也不论他的主观认识与你的观点有多大的差异，大多数情况下两者总会有一些相同之处。

跟别人交谈的时候，不要以讨论不同意见作为开始，要以强调而且不断强调双方都同意的事情作为开始。不断强调你们都是为相同的目标而努力，唯一的差异只在于方法而非目的。

在建立良好关系的过程中，实现双方兴趣上的一致是很重要的。只要双方喜欢同样的事情，彼此的感情就容易融洽，这是合乎逻辑的，推而广之，对其他事情彼此也就愿意合作了，说服也不例外。

每一个人都有某个方面的兴趣。兴趣可分为两种：一种是对有关系的事物的兴趣；一种是对无关系的事物的兴趣。所谓有关系的事物，是指与你和别人共同发生兴趣的事物。利用这种兴趣，常常可以建立良好的关系。

一般人都有许多不同的兴趣，有的会特别喜欢，有的会比较淡泊。如果可能的话，你应尽量找出他们最感兴趣的事，然后再从这方面去接近他。倘若没有机会，或者这种机会不容易得到，那么也该尽可能地去选择他最大的兴趣供你利用，主要的目的是要使他对你产生兴趣，从而接受你的说服。

欲与别人的特殊兴趣建立一种特殊关系，单单说一句很感兴趣的话是不够的，在对方的询问下，你不能掩饰你真正的兴趣，免得弄巧成拙，必须把你的真实的兴趣表现出来。

问题在于你怎么能使他人了解你对某件事情的确和他有同样的兴趣。因此，你必须对这题目具有相当的知识，足以证明你是有过相当研究的。越是值得接近的人，你就越应该努力对他所感兴趣的事情，做进一步的了解，使你能够应付他，使他乐意提供你所想知道的事情。

就像幼儿园的教师，有许多办法去哄小朋友，把一群哭哭闹闹的小孩训练得高高兴兴。这当然有她们成功的门道，其原因是她们能放弃自己的个性去迎合小朋友的兴趣和思想。

罗伯特的女儿几年前就已经结婚了，但是当年订婚时，却是利用了"仅有的一点共同之处"说服父母，才成就了这桩美满的姻缘。罗伯特是以非常开明的态度来对待女儿的终身大事的，但是其妻子却一直坚持很严格的条件，她心目中的女婿在学历、家庭条件、年龄等方面都得是相当好的青年。

但是，姑娘却不在乎这些，这与母亲的期望完全相反，母亲当然反对，作为姑娘的父亲，罗伯特当时也面带难色。不久，提亲者前来做夫妇俩的说服工作。但是夫妇二人表示感谢后，还是婉言拒绝了。他们说："这件事太麻烦您了，不过考虑到小女将来的幸福，我们还是不同意这桩亲事。"

于是，介绍人说："在考虑姑娘的幸福这一点上我们是相同的。"并且利用这一共同点进行了劝说。他说："如果你们站在姑娘的立场上，考虑她的幸福的话，就请你们重新考虑这桩亲事吧。"夫妇俩经过认真考虑之后，认为很有道理。他们认为，如果一定坚持自己的标准，追求"理想中的女婿"，那么女儿恐怕要终身独守空闺了。因此，改变了态度，收回了自己的意见，终于答应了。后来罗伯特苦笑着说："那位介绍人真是一语惊醒了梦中人。"

当然，这两个年轻人能终成眷属，还有很多因素，但是，如果不是介绍人那句"姑娘的幸福"这一"相同之处"，这桩亲事恐怕就不可能成功。

像这样，找到自己与持先入之见者的共同处并加以扩大、利用，是说服对方时很有效的办法。相反，表示出和对方的"不同之处"，在说服对方时也具有良好的效果。因为这两种方法都能使对方有机会客观地认识自己的先入之见。

当我们的意见、感受、观点不被认同时，可以用诚恳的语气说，"在这方面我们有不同看法，让我们一起来想出我们两人都满意的方法"，或"让我们一起想出最有利的解决策略"。

语句上，强调的是"我们"，而不是"你""我"的对立。不但没有任何贬抑的用语，反而只有诚意的邀请，邀请对方一起来解决问题。

重点是要找出"我们两人都愿意"的可能性与可行性，把协调视为"寻找交集点""扩展思维"的过程，而不是"树立敌人"的时候；甚至，要认清双方的不同不是敌对，只是不同而已。因此，切勿心存"打倒"对方，只求赢得个人主观世界的偏激想法。

不只如此，协调时应积极地视解决分歧为拓展人际影响范围的关键时刻，也就是培养个人恢宏气度、建立人际关系的时候。

在有分歧的时候，说服的过程便成为协调的过程。对于一个成熟的说服者而言，分歧就是人际关系需要"重组"的信号，甚至是调整关系、培养关系的契机，也是说服的最好契机。

在解决分歧时，必须先明确对方真正的诉求：到底是单纯寻求解决问题的可能性；或只是抒发个人的不满、牢骚、愤怒；或是纯为鸡毛蒜皮的小事，无理取闹；又或是一味玩其个人游戏，借此引起注意；还是对方的自我困惑与矛盾。

解决分歧，就是了解的时候；是探索对方需求的时候，而不是自我表达的时候；是帮助对方理清困扰及方向的时候。

要想成为一位成功的说服者，就切勿落入对方情绪的漩涡里，跟着团团转。

"执拗的人自以为拥有看法，其实是看法拥有了他！"这句话很值得深思！

遇有观点差异或人事困扰时，便要强调人性化的互动，而不是权威的屈服或强悍的抗拒。因为，赢得一时的争论，却换得每日上班见面时的痛苦，又有何益！任何协商，并非为所欲为，一吐为快，必须依规则来进行。

人性化的互动，至少包括 5 个内容：

第一，表达诚意。千万不玩游戏或耍手段。有的人只要不合乎其意，就颠倒是非，一味抹黑；或赌气冷战；或制造小圈圈，丧失应有的诚恳，使得办公室成为战场。

要拿出诚意来与人沟通，这绝不是流于一种口号——说说而已。双赢是强调先把个人解决问题的诚意让对方了解，要确实使对方感受到你的诚意。

第二，保持礼貌。说服他人时，仍需保持应有的礼貌风度，或体制中应遵循的规则，而不是自以为是地兴师问罪，咄咄逼人，藐视或刻意挖苦他人。

"进退得宜"不只解除他人的防卫，而且给予对方思考的空间，如此反而强化其说服力！

第三，维护尊严。有尊严才能真正地沟通，没有尊严的维护，就谈不上沟通，而尊严必须包括双方的尊严。

每次在协调时，上司总是口无遮拦、冷嘲热讽，或以高傲的语气贬损他人，借以突显其观点，结果只能酝酿更大的纷争或愤恨。

在协调过程中，每个人的尊严都必须被维护，不得有人身攻击。不论是冷嘲热讽的字眼、轻蔑鄙视的挑衅式肢体语言、咆哮怒吼的争吵方式，都必须禁止。

第四，平等尊重。当别人尚未说完，上司不仅频频打断话题，抢先发言，更以其不屑的语气，用食指数落别人，这种"威权"的作风，令下属们深感不是滋味。

在说服过程中双方要轮流发言，并且不可有强势与弱势之分，或威迫、恫吓等不平等待遇。若有违反此规则的，便可运用暂停法中止协调。

第五，营造气氛。有分歧，就是需要"放松"的时候。观点不同时绝不能带有肃杀之气，应该努力营造愉快的气氛，这不只是一种人格成熟的表现，也是一种高度领导能力的象征。

说服不仅在于解决问题而已，在协调过程中，还需懂得运用幽默来营造气氛。

一个过分严肃的说服，只会造成下次分歧时更大的敌意表现。气氛的营造，非常重视以柔性化的自我表达出诚挚、礼貌的态度。在语气及肢体上，充分地传送善意给对方，如此，使得双方减少不必要的防卫，能在轻松愉快的气氛下，创造出协调的高度艺术。

在说服艺术中，你和对方辩论时，开头应讲一些你和对方都同意的事，然后再提出一些对方乐于得到解答的合适的问题，那不是有益得多吗？你提出了问题之后，再去和对方共同地探讨答案，就在这探讨之中，你把你观察得十分清楚的事实提示出来，那对方便会不自觉地被引导去接受了你的结论。他会对你十分坚信，因为他觉得这些重要的见解是他自己发现的。

和对方气势汹汹地辩论，这是一种近乎不正当的行为，这只能增加对方的倔强，不易使你获取胜利。威尔逊总统说："凡是交涉的问题，如果你紧握两个拳头而来，我会把拳头握得比你更紧一些；如果你很和善地走来说：'让我们坐下来商议一下吧，要是我们的意见不同，我们可以研究一下不同的原因是什么，主要的矛盾在哪里？'这样，我们商谈下来，大家的意见是不会相差得很远的，只要我们彼此有耐心，肯诚心去接近，就是相差一点，也不难完全解决。""最佳的辩论好像是解说。"真的，我们与其涨红了脸去和别人辩论，不如用解说的态度、商讨的方法去解决。所以，即使你和别人辩论了，请你还得要平心静气，找出共同点来商讨，切不可紧握拳头，这是要注意的。

任何的冲突，不论双方的意见、分歧多大，我们总可以找出一些共同点来讨论，甚至银行家的领袖摩根，他在国内银行学会会议中演讲或是辩论，也可以寻出一些双方相同的信条以及与听众共有的相同的希望来。这句话你不相信吗？不妨看看下面的例子：

"贫穷向来是社会上最残酷的问题之一。我们的人民常常感觉到我们的责任是不论在什么地方、什么时候，只要可能的话，便要去解救穷人们的痛苦。我们是一个慷慨的国家，在历史上，我们并不能找出别的民族也和我们一样慷慨而不自私地捐钱去扶助那些不幸的人。现在，让我们保持和过去一样的精神上的慷慨和不自私来一同研究一下我们工业界的生活情况，并看看我们是否可以找出一些公平正当且为各方都接受的办法，去防止并减轻那些穷困的罪恶。"

上面这一大段话，有谁能够反对呢？就是银行家领袖的摩根，他也是点头同意的。我们在别人点头同意之后，再慢慢地把对方引向我们的主张，我们自己并不脸红势盛，然而我们获得了胜利。这种辩论的机智，是我们应该采取的。

其实，人与人在观点、信仰、性格等方面存在分歧，是完全正常的事情。遇到这种情况，必须通过一方或双方的让步，取得大的原则、方向上基本一致（即求同），在枝节问题上不纠缠（即存异），达到互谅互惠的目的。

究竟该如何做到求同存异呢？一是要设法找出双方的共同点。即使是很小的共同点，也可以使双方的距离越拉越近，共同点越多，双方的感情就会越来越亲密，也会很容易说服对方。即使双方固执己见，似乎毫无什么共同点可言，你还是可以通过强调是同学、同事、同乡或都有解决问题的热忱等来寻求共同的途径的。由于你一再强调共同点，对方自然而然就会慢慢地开启心扉。二是要设法使双方的心理"共同"。人与人或多或少存有"共同"的心理，当双方利害关系发生冲突时，这种"共同"心理就被掩盖了；当双方利害关系趋于一致时，这种"共同"心理就会明显地呈现出来。要使双方的心理"共同"显现出来，便要设法营造这样的氛围。例如，有两家厂商为了生意上的竞争，互相杀价，此时突然听到消费者在一旁幸灾乐祸地戏谑，于是这两家厂商顿时停止了杀价竞争，而共同谋求新的解决办法。三是要提出对方容易接受的大前提，而不要纠缠一些细节问题。因为商场交易，双方所关注的问题不尽相同，有的是从大前提着想，有的则是在细节上推敲。我们首先要提出大前提，这是双方能否达成一致的焦点，非常重要。例如，你可以说："我们的这笔生意可不可能做？"对方如说"可能做"，"可能做"就是大前提。至于怎么做的一些细节问题，你可以说："细节问题我们稍后再谈。"如果大前提双方都接纳了，此生意就成功一大半了。如果首先就在细节问题上纠缠，则很容易引起争论，更别提大前提了。

当然，有的人十分注意细节问题，一定要坚持先谈细节，这也是对方发出的一种"共同"信号，你则要灵活一点，将重点转移到细节上，然后再逐步回到大前提上来，问题就更容易解决了。

牵着他人的舌头走

交谈就像传接球，永远不是单向的传递。如果其中有人没有接球，就会出现一阵难堪的沉默，直到有人再次把球捡起来，继续传递，一切才能恢复正常。

你必须注意：自己是否挫伤了对方的自信？是否给对方留有发表他们见解的机会，而不是拒之于谈话之外？

更重要的是你能否对他们的话表现出关注，而不是显得只对自己感兴趣。

交谈就像传接球，永远不是单向的传递。如果其中有人没有接球，就会出现一阵难堪的沉默，直到有人再次把球捡起来，继续传递，一切才能恢复正常。

一些青年人常常说：他们在约会的时候老是不能保证交谈生动有趣。其实，有一个非常易于掌握的技巧：问一些需要回答的话，这样谈话就能持续不断。

但是，如果你只问："天气挺好的，是吧？"对方用一句话就可以回答了："是啊，天气真不错！"有一回，马克·吐温一天之中听了12遍完全相同的问题："天气真好，是不是，马克·吐温先生？"最后，他只好回答说："是啊，我已经听别人把这一点夸到家了。"

"天气真好，是不是？"这也许是一个会产生僵局的提问，但是回答却不一定都会导致僵局。不管怎么说，大家还是关心天气的，否则电视台的新闻节目也不会花上好几分钟来播放预告，而且还要用图表来说明。如果感觉到很难让你的谈话对象开口畅谈，不妨用下列问句来引导：

"为什么……"

"你认为怎样才能……"

"按你的想法，应该是……"

"价钱怎么正好……"

"你如何解释？"

"你能不能举个例子？"

"如何""什么""为什么"是提问的三件法宝。

当然，如果回答还是个僵局，那就和提问是僵局一样，交谈仍然无法进一步展开。你必须尽一切努力把球保持在传递中，而不使它停在某一点。

有时，你的谈话对象一开始不同你呼应，那也许是他还有些拘束，也许是他太冷漠，或者太迟钝，或者根本没有接触到他感兴趣的话题。

在参加聚会之前，如果能够从主人、女主人那里打听到一些邻座客人的情况，一定会对谈话有所帮助。不过，即使如此，也未必能确保对方一定开口，打破矜持的气氛。也许在用餐时，你不得不和一位骆驼般高傲的律师同座，而你想方设法使他开口却没有办到，那也不要灰心，接着再试试。你提到非法越境进入美国的墨西哥人问题，他可能无动于衷，但你谈起潜水，也许他就很有兴趣，或许，你还可以提提鲸鱼的生活习性呢！

耐尔·柯华爵士曾经这么说过："我对于世界的重要性是微乎其微的，但从另一方面讲，我对于我自己却是非常重要的，我必须和自己一起工作，一起娱乐，一起分担忧愁和快乐。"

这完全正确，人类总是以自我为中心的。

如果你对这个最基本的人类本性已不再感到震惊，你就会懂得如何调节自己适应谈话了。坦率地说，和对方谈他们感兴趣的话题，实际上对你自己也是有益的，尽管他们爱好的和你爱好的可能不尽相同。你可以先满足他们的自尊心，然后再满足你自己的。

这是一种自嘲吗？完全不是。

如果你能够谦恭诚恳地对待你的亲人和朋友，想象着他们对于你有多么重要，你就会发现他们在你生活中的意义的确不容忽视，同时，你还会发现你自己对于他们也变得越来越重要了。我们大家都期望能得到别人的赞扬，而且还会因此更加追求上进。总有一天，你会欣喜地认识到这样一个事实：任何一个看上去有缺陷、不聪明或反复无常的人身上都存在一些美好的东西。

心理分析专家认为，精神病患者一旦开始对别人及其他自我之外的事物产生兴趣，就说明他已进入健康阶段了。

如果说关注自我到了一定程度就是疯狂的表现，那么可以说没有一个人是绝对正常的。然而，我们愈是同他人交往——给予而不是索取，那我们就会愈接近正常了，除此之外，你还会有一个收获：你越关心别人，别人也就越关心你；你越尊重别人，你也能更多地受到别人的尊重。

争取让对方说"是"

跟别人交谈的时候，不要以讨论不同意见作为开始，要以强调而且不断强调双方都同意的事情作为开始。

如果可能的话，必须不断强调：你们都是为相同的目标而努力，唯一的差异只在于方法而非目的。

奥弗斯基教授在他的《影响人类的行为》一书中说："一个否定的反应，是最不容易突破的障碍。当一个人说'不'时，他所有人格尊严，都要求他坚持到底。事后他也许觉得自己的'不'说错了，然而，他必须考虑到宝贵的自尊！既然说出了口，他就得坚持下去。因此，一开始就使对方采取肯定的态度而非否定的态度，是最为重要的！"

善于交际的人，都在一开始就力求得到对方的一些"是"的反应，这样就把对方心理导入肯定的方向。就好像一粒撞击的小球运动，从一个方向打击，它就偏向另一方，要使它从反方向回来的话，则要花更大的力。

从生理反应上说，当一个人说"不"，而本意也确实否定的时候，他的整个组织——内分泌、神经、肌肉，全部凝聚成一种抗拒的状态，通常可以看出身体产生了一种收缩，或准备收缩的状态。反过来，当一个人说"是"时，身体组织就呈现出前进、接受和开放的状态。因此，开始时我们越多地构成"是，是"的环境，就越容易使对方接受我们的想法。

这是一种非常简单的技巧——但是它却被许多人忽略了！在某些人看来，似乎人们只有在一开始就采取反对的态度，才能显示出他们的自尊感。因此，激进派的人一旦跟保守派的人碰到一块儿，就必然要愤怒起来！事实上，这又有什么好处呢？如果他只是希望得到一种快感，也许还可以原谅。但假如他要达成什么协议的话，那他就太愚蠢了。

正是使用这种"趋同"的方法，使得纽约市格林尼治储蓄银行的职员詹姆斯·艾伯森，挽回了一名青年主顾。

艾伯森先生说："那个人进来要开一个户头，我照例给他一些表格让他填。有些问题他心甘情愿地回答了，但有些他拒绝回答。

"在我研究为人处世的技巧之前，我一定会对那个人说：如果拒绝对银行透露那些材料的话，我们就不让他开户。我很惭愧过去我就采取那种方式。当然，像那种断然拒绝的方法确实会使我觉得很痛快。因为我表现出谁才是老板，也表现出银行的规矩不容破坏。但那种态度，当然不能让一个进来开户的人有一种受欢迎、受重视的感觉。

"我决定那天早上采用一下学到的技巧。我决定不谈论银行所要的，而谈论对方所要的。最重要的，我决意在一开始就使他说'是，是'。因此，我不反对他。我对他说，他拒绝透露的那些资料，并不是绝对必要的。

"'但是，'我接着说，'假如你把钱存在银行一直到你去世，难道你不希望银行把这笔钱转移到你依法有权继承的亲友那里吗？'

"'哦，当然。'他回答道。

"我继续说：'你难道不认为，把你最亲近亲属的名字告诉我们是一种很好的方法吗？万一你去世了，我们就能准确而不耽搁地实现你的愿望。'

"他又说：'是的。'

"当他发现我们需要的那些资料不是为了我们，而是为了他的时候，那位年轻人的态度软化下来——改变了！

"在离开银行之前，那位年轻人不但告诉我所有关于他自己的资料，而且在我的建议下，开了一个信托户头，指定他的母亲为受益人，同时还很乐意地回答所有关于他母亲的资料。"

西屋公司的推销员约瑟夫·阿立森也有类似的经验："在我的区域内有一个人，我们卖给了他几个发动机。如果这些发动机不出毛病的话，我深信他会填下一张几百个发动机的订单。这是我的期望。"阿立森向大家介绍道。

"我对我们公司的产品很有信心。3个星期之后，再去见他的时候，我兴致勃勃。但是，我的兴致并没有维持多久，因为那位总工程师对我说：'阿立森，我不能向你买其余的发动机了。'

"'为什么？'我惊讶地问，'为什么？'

"'因为你的发动机太热了，我的手不能放上去。'

"我知道跟他争辩不会有什么好处。因此，我说：'嗯，听我说，史密斯先生，我百分之百地同意你。如果那些发动机太热了，你就不应该买。你的发动机热度不应该超过全国电器制造商公会所立下的标准，是吗？'

"他说：'是的。'我已经得到我的第一个'是'。'电器制造公会的规定是：设计的发动机可以比室内温度高出72华氏度。对不对呢？''是的，'他同意，'但你的发动机热多了。'

"我还是没有跟他争辩。我只是问：'厂房有多热呢？'

"'呵，大约75华氏度。'他说。

"我回答道：'那么，如果厂房是75华氏度，加上72华氏度，总共就等于147华氏度。如果你把手放在147华氏度的热水塞门下面，是不是很烫手呢？'

"他又必须说'是的'。

"'那么，不把手放在发动机上面，不是一个好办法吗？'我说。

"'嗯，我想你说得不错。'他说。我们继续聊了一会儿，接着他叫他的秘书过来，为下月开了一张价值35万美元的订单。

"我花了很多钱，失去了好多生意，才知道跟人家争辩是划不来的，懂得了从别人的角度来看事情，使他说'是的，是的'才更有收获和更有意思。"

被誉为世界上最卓越的演说家之一的苏格拉底，做了一件历史上只有少数人才能做到的事：他彻底地改变了人类的整个思潮。而现在，在他去世25个世纪后，这个方法依然如此行之有效。

他的整套方法，现在称之为"苏格拉底妙法"，以得到"是，是"为根据。他问的问题，都是对方必须同意的。他不断地得到一个同意又一个同意，直到他拥有许多的"是，是"。他不断地发问，到最后，几乎在没有意识之下，使他的对手发现自己得到的结论，恰恰是他在几分钟之前坚决反对的。

以后当我们要自作聪明地对别人说他错了的时候，可不要忘了"苏格拉底妙法"，应提出一个温和的问题——一个会得到对方"是，是"反应的问题。

使用建议的方式

即使别人确实有错误，而你声色俱厉地指责别人，那产生抵触甚至愤怒的情绪是非常正常的事，他甚至能够生很长时间的气。而如果这样的粗鲁行为和言语来自一个有一定权威的人，那后果也很不好。

美国最有名的传记作家塔贝尔小姐说她当初为了写欧文的传记，专门拜访了与欧文共事了三年的朋友。他们说，欧文在三年内从来没有说过要做什么、不要做什么的话，他都是以尊重的口吻问别人，比如"你可以考虑一下这件事吗？"或者是"你觉得这样做合适吗？"他在让别人替他做速记后都要问："你觉得怎么样？"如果哪里写得不是很好，他会说："假如我们把这一句改成这个样子，你觉得会不会好一点？"他总是让别人尝试着自己去动手。他不会命令别人该怎么样，他希望大家都自己动手，有错误了就从错误中学习。这样的方法反而能让别人积极地处理问题，因为这是一种尊重的体现，当人们的自尊心得到认可的时候，他希望与你合作，而不是反抗你。

反之，即使别人确实有错误，而你声色俱厉地指责别人，那产生抵触甚至愤怒的情绪是非常正常的事，他甚至能够生很长时间的气。而如果这样的粗鲁行为和言语来自一个有一定权威的人，那后果也很不好。桑塔尔是威名市的一位职校老师，他班上的一个学生因为没有按照规章制度停车，给学校的一个入口带来麻烦。一位学校的老师为此怒气冲冲地来到班上狂吼："是谁把车停在过道上？"车主举手应答。那位老师又转向他大吼："你赶快把它开走，否则我就用铁链把它捆起来拖走。"

那位学生是犯错了，他把车放在那里阻碍了交通。但是结果呢？不但那位车主没有理会他，其他人也把车停在那里，以增加他的不便。事情原本不用这样。假如他换一种方式来说话，假如他平和友善地和班里的人说："请问堵住门口的那位车主是谁，你好，如果你能把它移开，别的车就方便通过了，麻烦您帮个忙，谢谢啦！"

那位同学听到这样的话肯定乐意把车开走，心里还会有歉疚，其他人下次也会小心。

一个疑问句就能有这样的作用，因为这包含了尊重的前提。在企业里少一些命令，多一些提问，往往会激发员工的积极性和创造力。麦克是约翰内斯堡一家小工厂的老板，一次他有机会获得一张大订单。但如果签了，货期不一定能跟上，除非工人们加班加点地工作。他没有发出强制性的命令，而是把大家召集到一起，先谈了这个大订单对整个公司的意义，然后用诚恳的语气问大家："我们是不是能想出办法来完成这张订单，有没有好的办法来处理时间和工作量的分配问题，大家想想办法，如果实在不行我们就不接这个订单了。"

工人们听到这样的话马上要求接下订单，然后一起讨论办法。他们的态度只有一个，就是"我一定能办得到"。

　　最后在所有人的共同努力下，他们接下了单子，保证了货期的兑现。而这一切，是强制所不能带来的。

第四章　把别人吸引到身边来

仪表是你的门面

　　尽量有意识地拿出最好的仪表，注意干净整洁，竭力保持自尊和真诚，这样才能帮助你渡过重重难关，带给你尊严、力量和魅力，使你赢得别人的尊敬和钦佩。

　　人的确不是由衣装造就的，但衣装给我们的生活带来的影响远远出乎我们的意料。

　　我们的身体是最重要的自我表现方式。身体的外表被认为是内在的反映。如果一个人的外表丑陋、可憎，我们完全有理由认为他的思想也是这样的。通常，这种结论也是成立的。高尚的理想、活泼健康的生活和工作本身与个人卫生的不整洁都是势不两立的。一个忽视洗澡的年轻人也会忽视他的心灵，他会很快全面堕落。一个不注意仪表的年轻女人很快就无法取悦于人，她会一步步堕落成一个不思进取的邋遢女人。难怪《塔木德经》把清洁置于仅次于神性的位置上。而我会把清洁的位置摆放得更高些，因为我相信绝对的清洁就是神性。灵与肉的清洁或纯洁能把人升华到最高境界，一个不洁净的人只是头野兽而已。要保持良好的仪表，最重要的一点就是要经常洗澡。每天洗一个澡能保证皮肤的清洁与健康，否则身体是不可能健康的。

对头发、手和牙齿的护理也相当重要，一定要细致周到，不能马虎草率。修剪指甲的用具很便宜，人人都买得到，如果你买不起一整套用具，你可以只买一把指甲刀，把指甲修剪得光滑干净。

护理牙齿是件简单的事，然而，人们在牙齿卫生上犯的错误可能要比在其他方面犯的错误更多。我认识一些年轻人，他们衣着考究，对自己的仪表非常得意，但他们却忽视了自己的牙齿。他们没有意识到，人的仪表中没有比脏牙、蛀牙，或是缺了一两颗门牙更糟糕的缺陷了。呼吸当中的恶臭更令人无法忍受。如果知道有这种后果，就没有人会忽视他的牙齿了。没有哪个老板会要一个缺了一两颗门牙的职员或速记员；许多应聘者就因为牙齿不好而被拒绝。

对于那些在社会上谋生的人来说，关于衣着的最佳建议可以概括为一句话："让你的衣着得体，但不需要昂贵。"衣着朴素具有最大的魅力，现在市面上有大量物美价廉的衣物可供选择，大部分人能买到好衣服穿。但是如果条件所限，不能买到更好的衣物，也不必为一套寒酸的衣服害羞。穿一件花钱买的旧外套比穿一件不花钱的新外套更能赢得别人的尊敬。不可避免的寒酸不会让人产生反感，但是邋遢却使人一见之下顿生厌恶。只要你量入为出地打扮自己，不管多穷，你都可以穿得很得体。应该有意识地尽量拿出最好的仪表，注意干净整洁，竭力保持自尊和真诚，这样才能帮助你渡过重重难关，带给你尊严、力量和魅力，使你赢得别人的尊敬和钦佩。

赫伯特·乌里兰很快就从长岛铁路一个普通路段工人提升为

纽约市铁路局的董事。在一次关于如何获取成功的演说中，他说："衣服不能造就一个人，但好衣服能使人找到一份好工作。如果你有 25 美元，又需要一份工作的话，最好花 20 美元买一套衣服，花 4 美元买双鞋，剩下的钱买一个刮胡刀、一个发剪、一个干净的领圈，然后去找工作。千万不要带着钱，穿着一身破旧西装去应聘。"

多数大公司都规定不雇用衣衫褴褛、邋里邋遢，或是应聘时衣冠不整的人。芝加哥最大的一家零售商店的招聘主管说："招聘的原则必须严格遵守，对于一个应聘者来说，经受的最重要的考验就是仪表。"一个应聘者具备多少优点和能力没有关系，但他必须重视自己的仪表。璞玉浑金的价值不知要比抛光的玻璃高出多少倍，但是有时候就是明珠投暗。有些应聘者凭借良好的仪表获得了一份工作，虽然很多被拒之门外的人要比他们优秀得多。他们的能力可能还不及那些被拒之门外的人的一半，但是既然有了工作，他们就会设法保住这个饭碗。

这条通行全美的招聘原则在英国同样适用，《伦敦布商》杂志就可以作证，它这样说道："越是注意个人清洁卫生和衣着整洁的人，就越能仔细地完成工作。"个人生活邋遢的工人在工作中也会马马虎虎，而关注仪表的人同样注意工作的效果。柜台后面是什么样，车间里很可能也就是什么样。时髦的女售货员一定很讲究穿着，她会厌恶肮脏的衣领、磨破的袖口和皱巴巴的领带，难道不是这样吗？事实上，关注个人习惯和整体仪表，就会对邋遢散漫的习惯产生警觉。

1. 三点一线：一个衣冠楚楚的男人，他的衬衫领口、皮带袢和裤子前开口外侧应该在一条线上。

2. 说到皮带袢，如果你系领带的话，领带尖可千万不要触到皮带裥上哟!

3. 除非你是在解领带，否则无论何时何地松开领带结都是很不礼貌的。

4. 一身漂亮的西服和领带会使一个男人看上去非常时髦，而身穿一套好西装却不系领带，会使他看着更时髦。

5. 如果你穿西装，但不系领带，就可以穿那种便鞋，如果你系了领带，就绝对不可以。

6. 新买的衬衫，如果你能在脖子和领子之间插进两个手指，就说明这件衬衫洗过之后仍然会很适合。

7. 透过男人的衬衫能隐隐约约看到穿在里面的 T 恤，就有如女人穿着能透出里面内裤的裤子一样尴尬。

8. 如果不是专业的手洗，一件 300 多美元的衬衫很快就会只值 25 美元。

9. 精神的发型、一双好鞋，胜过一套昂贵的西装。

10. 一双 90 美元的鞋的寿命应该是一双 180 美元的鞋的一半，而 1000 美元一双的鞋将伴你一生。

11. 如果你穿的是三粒扣西装，可以只系第一颗纽扣，也可以系上面两颗纽扣，就是不能只系最下面一颗，而将上面两颗扣子敞开着。

12. 穿双排扣西装，所有的扣子都要扣，特别是领口的扣子。

13. 如果你去某个场合拿不准穿什么服装，那么隆重点儿远比随便点儿强得多，人们会认为你随后还要去一个更重要的场合呢!

14. 一件便宜的羊绒衫实际上远远没有一件好一点儿的羊毛衫更柔软、舒服。

15. 除非你是橄榄球运动员，否则就不要把任何与名字有关的字母或号码穿在身上。

16. 45 岁以下的你请不要过早地叼上烟斗，也不要戴那种浅圆的小帽。

17. 比穿没盖过踝骨的袜子更糟糕的是穿没盖过踝骨的格子袜子。

18. 配正装一定不要穿白色的袜子。

19. 无论如何，你不必有太多卡其布休闲装、白色的纯棉 T 恤或厚棉布网球鞋，毕竟一周只有一个星期六。

20. 穿衣服的第一常规就是打破一切常规——包括我们上面所说的一切。我强调衣着的重要性，但并不是要你像英国花花公子博·布鲁梅尔那样，一年仅做衣服就花 4000 美元，扎一个领结也要花上几个小时。过分注重穿着甚至比完全忽视还要糟糕。那些像博·布鲁梅尔那样的人太讲究穿着了，他们一门心思地扑在对衣着的研究上，而忽略了修养和神圣的责任。在我看来，穿衣应该量入为出，与身份相称，这既是一种责任，也是最实际的节俭。

许多年轻人误以为"穿着得体"就一定是指要穿贵重的衣服，这种观点与完全忽视穿着同样是错误的。他们把本该花在头脑和修养上的时间用在了梳妆打扮上。他们老是在盘算怎样用微薄的收入买昂贵的帽子、领带或是大衣。如果他们买不起渴望得到的东西，就会买便宜的"赝品"来代替，结果他们的穿着会显得很可笑。这类年轻人戴廉价戒指，打猩红色领带，穿大格纹衣服。他们肯定是职位低下者。

卡莱尔这样形容这类花花公子："一个花里胡哨的人——他的职业和生活就是穿衣——他的精神、灵魂和钱包都无畏地献给了这一目的。"他们就为了穿衣而活着，他们没有时间学习文化，没有时间努力工作。

莎士比亚说："衣装是人的门面"，这一说法得到了全世界的认同。许多人经常因为他们不得体的穿着而备受指责。初看起来，仅凭衣着去判断一个人似乎肤浅轻率了些，但经验一再证明：衣着的确是一个衡量穿衣人的品位和自尊感的标准。

渴望成功的有志者应该像选择伴侣一样谨慎地选择衣装。古谚云："我根据你的伴侣就能判断你是什么样的人。"某个哲学家也说过一句精妙的话："让我看看一个妇女一生所穿的所有衣服，我就能写出一部关于她的传记。"

西德尼·史密斯说："教育一个女孩说漂亮无关紧要，衣装一无是处，这真是荒谬透顶！漂亮非常重要。她一生中所有的希望和幸福或许就依赖一件新裙子或是一顶合适的女帽。如果她稍有常识，她就会明白这点；应该教她知道衣装的价值。"人的确不是由衣装造就的，但衣装给我们的生活带来的影响远远出乎我们的意料。普林提斯·穆尔福德说："衣装能影响人类的精神面貌。"这并非言过其实，只要想想衣装对你自己的影响程度有多大就够了。

假设让一个女人穿着一件破旧肮脏的晨衣，那么它就会影响到她，使她对自己的头发是肮脏还是扭结都漠不关心，她的脸和手干净与否、穿的鞋子多么破烂，都无关紧要，因为在她看来，"穿着这件旧晨衣没有什么不好"。她的步态、风度、情感倾向，都将受到这件旧晨衣的影响。如果她能改变一下——换上一件漂亮的棉裙，那么她的模样和举止将会多么不同啊！她的头发一定会梳理得宜，会与她的穿着相得益彰；她的脸庞、手和指甲一定会干干净净；破旧肮脏的鞋也会换成了合脚的便鞋。她的思想也会焕然一新。她会更加尊敬衣冠整洁的人，远离穿着邋遢的人。"你想改变你的意识吗？那么就改变你的穿着吧。你马上就会感觉到效果。"

让对方有备受重视的感觉

　　人类行为有个极重要的法则，如果我们遵从这个法则，大概不会惹来什么麻烦。事实上，如果我们遵守这个法则，便可以得到许多友谊和永恒的快乐；但是，如果我们破坏了这个法则，就难免后患无穷。这个法则就是：时时让别人感到重要。

　　约翰·杜威说过："人类本质里最深远的驱动力是：希望具有重要性。"

　　现实生活中有些人之所以会出现交际的障碍，就是因为他们不懂得或者忘记了一个重要的原则——让他人感到自己重要。他们喜欢自我表现，夸大吹嘘自己。一旦事情成功，他们首先表现出的就是自己有多大的功劳，做出了多大贡献。这样其实就相当于向他人表明：你们确实不太重要。无形之中，他们伤害了别人。

　　人类行为有个极重要的法则，如果我们遵从这个法则，大概不会惹来什么麻烦。事实上，如果我们遵守这个法则，便可以得到许多友谊和永恒的快乐；但是，如果我们破坏了这个法则，就难免后患无穷。这个法则就是：时时让别人感到重要。约翰·杜威说过："人类本质里最深远的驱动力是：希望具有重要性。"还有威廉·詹姆士说的："人类本质中最殷切的需求是：渴望被肯定。"我也曾指出，就是这种需求，使人类有别于其他动物；也就是这种需求，使人类产生了文化。

几千年来，许多哲学家都曾就这个问题深刻思量过。而他们产生的结论只有一个，这法则并不新颖，可以说和历史一样陈旧了。2500 年前，琐罗亚斯德在波斯用这个原则教导门徒；2500 年前，儒家学派创始人孔子也这么谆谆劝导过，道家学派创始人老子在函谷关也这么说过；基督降生的前 500 年，佛陀已在神圣的恒河边教诲众生，甚至印度教的经典也这么记载着；1900 多年前，耶稣基督在犹太山上，以此训诲门徒，并且用一句话做总结——这大概是世上最重要的法则："你要别人怎么待你，就得先怎么待别人。"

你需要朋友的认同，需要别人知道你的价值；你希望在自己的小世界里，有种深具重要性的感觉。你不喜欢廉价、言不由衷的恭维，而希望有出自真诚的赞美。你喜欢友人像查理·夏布所说的"真诚、慷慨地赞美"。我们都喜欢那样。

所以，让我们衷心服膺这永恒的金律：我们希望别人怎么待我们，我们就怎么待别人。

怎么做？什么时候？什么地方？答案是：随时，随地。

住在威斯康星州的大卫·史密斯，讲述了他如何处理一个尴尬场面。故事发生在一个慈善音乐会的点心摊上。

"音乐会那天晚上，我到达公园的时候，发现有两位上了年纪的女士，站在点心摊旁边，都显得不怎么高兴的样子。很显然，她们两人都认为自己才是那个点心摊的负责人。我站在那里，正思索着该如何是好，有名赞助委员会的成员走过来，交给我一个募款箱，并感谢我的帮忙。她也介绍那两位上了年纪的女士——萝丝和珍与我认识后，便匆匆离开了。

"接踵而来的是段令人尴尬的静默。我知道那个募款箱可算是一种'权威的标记'，便把它交给萝丝，向她说明自己恐怕不能管理好，希望她能帮忙料理。我又建议珍负责照顾另两名少年助手，并教他们如何操纵汽水贩卖机。

"于是，整个晚上，萝丝都很高兴地清点募款，珍也很尽责地照料两名助手。我则很轻松地坐在椅子上，欣赏整个音乐晚会。"

你不用等到当上了驻法大使，或是宿舍里的"聚餐委员会"主席以后，才来运用这个法则，你几乎每天都可以使用这奇妙无比的魔力法则。

举例来说，如果你在餐馆里点了一份炸薯条，而女侍者却端给你马铃薯，这时候我们说："对不起，麻烦你了，但我比较喜欢炸薯条。"女侍者可能会这么回答："不，一点儿也不麻烦。"而且她还会高高兴兴地把马铃薯换走，因为我们已经对她示以了敬意。

另外，我们还可以使用许多日常用语来解除每天生活的单调与忙碌，如"对不起、麻烦你……""可否请你……""请问你愿不愿意……""你介不介意……""谢谢"等。

下面让我们再看一个例子。

罗纳尔德·罗兰曾提起初级手工艺班里的学生克里斯的故事。

"克里斯是个安静、害羞、缺乏自信心的男孩，平常在课堂上很少引人注意。一天，我见他正在伏案用功，便走过去与他搭话。他的内心深处似乎有一股看不到的火焰，当我问他喜不喜欢所上的课时，这个年仅 14 岁的害羞男孩的表情起了极大的变化。我可以看出他的情绪波动很大，想极力忍住泪水。

"'你是说，我表现得不够好吗，罗兰先生？'

"'啊，不！克里斯，你表现得很好。'

"那天，上完课走出教室的时候，克里斯用那对明亮的蓝眼睛看着我，并且肯定、有力地说：'谢谢你，罗兰先生！'

"克里斯教了我永远难忘的一课——我们内心深处的自尊。为了使自己不致忘记，我在教室前方挂了一个标语：'你是重要的。'这样不但每个学生可以看到，也随时提醒我：每一个我所面对的学生，都同等重要。"

这是一个未加任何渲染的事实：差不多你所遇见的每一个人都自以为在某些地方比你优秀。所以，要打动他们内心的最好方法，就是巧妙地表现出你衷心地认为他们很重要。

唐纳德·麦克马亨是纽约一家园艺设计与保养公司的管理人。他讲述了这样一件事情：

"有一次，我替一位著名的鉴赏家做庭园设计，这位屋主走出来做了一些交代，告诉我他想在哪里种一片石南和杜鹃花。

"我说道：'先生，我知道你有个癖好，就是养了许多漂亮的好狗。听说每年在麦迪逊广场花园的展览里，你都能拿到好几个蓝带奖。'

"这一小小的称赞所引起的效果却不小。

"鉴赏家回答我：'是的，我从养狗中得到了很多乐趣。你想不想看看它们？'

"他花了差不多一个钟头的时间，带我参观各类狗和它们所得的奖品，甚至向我说明血统如何影响狗的外貌和智慧。

"后来，他转身问我：'你有没有小孩？'

"'有的。'我回答，'我有个儿子。'

"'啊，他想不想要只小狗呢？'他问道。

"'当然，他一定会很高兴的。'

"'那么，我要送一只给他。'鉴赏家宣称。

"他告诉我怎么养小狗，讲了一半却又停下来。'你大概不容易记下来，我写一份说明给你。'于是他走进屋里，打了一份血统谱系和饲养说明给我。他不但送我一只价值好几百元的小狗，还在百忙中拨给我 1 小时 15 分钟。这完全是因为我衷心赞美他的嗜好和成就的缘故。"

柯达公司的乔治·伊斯曼因发明了透明胶片而大发其财，成为举世闻名的富豪。像他这么有成就的人，渴望被肯定的心理却是和你我没有两样。

事情是这样的：伊斯曼在兴建"伊斯曼音乐学校"和"基尔本厅"的时候，纽约一家专做椅子的公司经理詹姆斯·亚当森很想包下剧院座椅的生意，便打电话给建筑设计师，希望能通过他安排时间，到罗契斯特去会见伊斯曼先生。

到了见面那天，建筑设计师对亚当森说道："我知道你很想做成这笔生意。但我先告诉你，伊斯曼是个纪律严格的人，十分忙碌，所以你最好长话短说，把来意在 5 分钟内解说完毕。"

亚当森也正准备那么做。

进了办公室，亚当森见到伊斯曼先生正埋头在一堆文件之中。伊斯曼先生抬起头，取下眼镜，然后走过来向亚当森和建筑设计师招呼道："早安，两位先生，请问有何指教？"

建筑设计师为两人介绍过后，亚当森便说道："这是间很好的办公室。虽然我是从事室内木工艺品的生意，却从没见过这么漂亮的办公室。"

乔治·伊斯曼回答道："你使我回想起某些往事。是的，这是间很漂亮的办公室。刚建好的时候，我真喜欢极了。可是后来事情一忙，也就不再有那份感觉，有时甚至好几个星期也不曾来一趟。"

亚当森移动脚步，用手指抚过窗格的镶板。"这是英国橡木，是吗？这跟意大利橡木稍有不同。"

"不错。"伊斯曼答道，"这是从英国进口的橡木，是我一位木料专家的朋友特别为我选来的。"

伊斯曼便逐一介绍室内的一些建材，不时对结构的比例、材料的色泽和制作的手工等提出评论，并说明当初他如何参与计划和施工。

后来他们停在一扇窗户前面，伊斯曼以他特有的缓和声调，指出他未来的好几项计划：罗契斯特大学、综合医院、友谊之家、儿童医院等。亚当森对他的人道精神又大大赞赏一番。接着，伊斯曼打开一个玻璃箱，取出一个照相机来——那是他的第一部照相机，从一个英国人手中买来的。

亚当森又询问他从事生意以来的种种奋斗情形。伊斯曼提到自己童年的贫困和寡母的辛劳，由于对贫穷的恐惧，他因此特别努力工作。亚当森凝神细听，并不时提出一些问题，如干性感光盘的实验等，伊斯曼也都很详细地回答。

亚当森被引进办公室的时候，是 10 点 15 分。建筑设计师曾建议他，面谈最好不超过 5 分钟。但现在一个小时过去了。接着两个小时，他们还是谈个不停。

最后，伊斯曼对亚当森说道："上次我在日本买回几张椅子，放在阳台上，结果油漆都被阳光晒剥落了。前几天，我到市区买来一些颜料，自己动手油漆了一遍。你想过来看我漆得如何吗？要不你等一下可以到我家来用点午餐，我可以让你看看那些椅子。"

用完午餐之后，伊斯曼带亚当森去看那张椅子。那不过是普通的日本座椅，只因经由大富豪亲手油漆过，便备受珍惜。

剧院座椅的订单高达 9 万美元，你猜谁会做成这笔生意呢？

练就一流口才

　　如果你想使自己成为一个令人愉悦的人，你就必须想方设法地了解与你对话者的生活，并且用他们最感兴趣的内容来打动他们。

　　要想成为一个优秀的谈话者，你必须是自然而不造作、活泼而不轻浮、富于同情心而不惺惺作态的，你必须从你的心底流露出一种善良的意愿。

　　如果你想使自己成为一个令人愉悦的人，你就必须想方设法地了解与你对话者的生活，并且用他们最感兴趣的内容来打动他们。不管你对一个话题多么了解，如果它不能令你的谈话对象产生兴趣，那么你的努力大半都是徒劳的。高明的谈话者总是机智得体——他在逗趣的同时不会冒犯和得罪他人。如果你想令他人感到诙谐有趣，你就不能戳伤他们的痛处，或者是对他们的家庭琐事喋喋不休。一些人有那种特殊的品质，他们能够准确地挖掘我们身上最美的闪光点。

　　林肯就是这样一位非凡的艺术大师，他使得自己在任何人面前都能做到诙谐风趣。他用生动有趣的故事和玩笑使人们彻底放松紧张的心情，所以，很多人在林肯面前都感到非常轻松自如，以至于愿意毫无保留地向林肯倾诉心底的秘密。陌生人总是乐于和他谈话，因为他是如此热诚和风趣，和他谈话时简直感到如沐春风，并且受益良多。

像林肯所具备的这种幽默感当然是增强谈话感染力的重要因素，但是，并不是每个人都能如此幽默风趣；如果你缺少幽默的天赋，而又企图牵强地制造幽默时，结果往往适得其反，令你自己显得滑稽可笑。然而，一个高明的谈话者必须不能过于严肃或不苟言笑。他不过多地列举一些枯燥的事实，不管这些事实是多么重要。因为枯燥的事实和单调乏味的统计数据只能令人感到沉闷和厌烦。生动活泼是高明的谈话所不可缺少的。沉重的谈话惹人厌烦，而过于轻浮的谈话同样令人反感。

因此，要想成为一个优秀的谈话者，你必须是自然而不造作、活泼而不轻浮、富于同情心而不惺惺作态的，你必须从你的心底流露出一种善良的意愿；你必须真正感觉到那种乐于帮助他人的热诚，并且全身心地投入那些令他人感兴趣的事物；你必须吸引人们的注意力，并且通过打动他们的内心来牢牢地抓住他们的注意力，而这只有借助一种令人感到温暖的同情和共鸣、一种真正友善的同情和共鸣才能做到。如果你是冷漠、缺乏同情心、拒人于千里之外的，你根本不能抓住他们的注意力。你必须胸怀开阔，宽容他人。一个胸襟狭小、吝啬小气的人永远都不能成为高明的谈话者。如果某人总是对你的个人爱好、你的判断力、你的鉴赏力横加干涉，那么你永远都不会对他感兴趣。如果你紧紧地封锁了任何一条可以靠近你心灵的途径，所有沟通和交流的渠道都对别人关闭了，那么，你的魅力和热诚就由此被切断了，你们的谈话只能是漫不经心、马马虎虎和机械单调的，不会带有任何活力或感情。

你必须使你的听众靠近你，必须开放你的心灵，并以一种最自然的状态去拥抱对方。你必须先做出响应，然后他人才会毫无保留地向你展示自己，使得你自由地进入他的内心最深处。如果一个人在任何地方都是成功者，那么其奥秘只能在于他的个性，在于他拥有一种能够以强有力的、生动有趣的语言有效地表达自己思想的能力。他没有必要通过罗列财富清单的形式向人展示自己有多成功，事实上，只要他一开口说话，财富就会源源而来，他的表达能力就是他最大的财富。

练就关照他人而不造作的功夫

在你的记忆中是否有过因他人对你细致照料而欣喜异常的体验？要记住，这种行为，能使人类特有的虚荣心获得相当程度的满足。

谁都希望别人认为自己比实际来得聪明、美丽。这种想法并不会伤害任何人。

人们更喜好被取悦，而不是被激怒；喜欢听到褒奖，而不是被对方恶言相向；更乐意被喜爱，而不是被憎恨。因此，仔细地加以观察，就能投其所好，避其所恶。举个浅显的例子来说，告诉对方你特意为他准备了他所喜爱的酒，或者是说，知道你不喜欢那个人，所以今天没叫他来。如此若无其事的呵护，必能打动对方的心，他一定因你能注意其生活细节而感激不尽。反之，若是明知是让对方讨厌的事物，却又在不经意间触犯了禁忌，结果，对方必然会认为你当他是傻瓜，故意藐视他，以至于永远耿耿于怀。尽管是件小事，但却有可能从此中断你与他的关系。因此，如果连细枝末节都能特别地留意，必能让对方愈发对你感激不尽。

在你的记忆中是否有过因他人对你细致照料而欣喜异常的体

验？要记住，这种行为，能使人类特有的虚荣心获得相当程度的满足。由于有人如此取悦于你，从此，你有可能会倒向此人，无论此人对自己做了些什么，都认为对方乃是出于好意。为此，卡耐基给出以下几点提示：

称赞对方希望被称赞的事物

如果特别喜欢某人，或者特别想成为某人的知交，可以探查此人的优缺点，称赞此人希望被称赞的地方。每个人都有优点，以及希望被他人认定为优秀的特长。一个人的优点被赞赏，着实会高兴，但是，若称赞他希望被称赞的特长，必然更能令他高兴。这才是真正地搔到痒处。任何人都有得到他人褒奖的欲望。要想发现此点，观察乃是最好的方法。仔细注意，观察此人喜爱的话题。通常，自己想要被称赞，希望被认定为优秀的部分，往往会出现在最常见的话题里。这里便是要害。只要突破其防线，就能一举制胜。

偶尔的佯装，实属必要

你当然不必连人们的缺点、坏事都加以称赞，而且也不应该称赞。不过，请想想，如果我们不能对人类的缺点及肤浅幼稚的虚荣心佯装不知的话，又如何能在这个世界上立足呢？谁都希望别人认为自己比实际来得聪明、美丽。这种想法并不会伤害任何人。如果你告诉这些人这种想法太幼稚、太不正确了，对方必然与你疏离，视你为仇敌。若是我，宁愿采取取悦对方的手段，尽量恭维对方，使其成为朋友。若是对方有优点，你就该迅速地给予赞赏。然而，有时也不得不面对自己并不十分赞同，但却为社会所认同的事。此时只好睁一眼闭一眼了。如果你还不太善于赞扬别人，这是因为你还不甚了解人们是多么希望自己的想法及喜好能获得支持，特别是期望明明是自己错误的想法及自身的小缺点，却得到他人的谅解与认同。

背地里称赞，最令人高兴

为了使对方高兴，你可以在褒奖办法上略施技巧，那就是在背地里夸赞对方。当然，若你只是在暗地里称赞对方而他却一无所知，那就一点意义也没有了，你要想办法将你的夸赞通过巧妙的方式确实地传达到对方的耳朵里。这里，慎选传达信息的人选最重要。你所挑选的人最好是通过传递此信息也能获益的人。如果你选有此企图的人做信使，他不仅会确实地传达你的信息，还有可能添油加醋，更增效果。对他人的称赞，以此种方法最具功效。

第五章　做好一生的规划

目标是人生的灯塔

心中拥有目标，便会使自己不会太留意与之不相关的烦恼，不会与不相关的小麻烦斤斤计较，这会使你变得豁达、开朗。

一个人之所以伟大，首先在于他有一个伟大的目标。

每一个奋斗成才的人，无疑都会有一个选择、确定目标的问题。正如空气、阳光之于生命那样，人生须臾不能离开目标的引导。

有了目标，人们才会下定决心攻占事业高地；有了目标，深藏在内心的力量才会找到"用武之地"。若没有目标，绝不会采取真正的实际行动，自然与成功无缘。

首先，心中拥有目标，给人生存的勇气，在困苦艰难之际赋予我们坚韧不拔的毅力。有了具体目标的人少有挫折感。因为比起伟大的目标来说，人生途中的波折就是微不足道的了。因此，拥有科学的目标可以优化人生进程。

其次，由于目标事物存在脑海某处，所以即使我们从事别的工作，潜意识里依然暗自思量图谋对策，遂在不觉之间接近目标，终于梦想成真。拥有目标的人成功立业的概率，无疑要比缺乏志向的人高。目标激励人心，产生活动能源。

再者，实现目标好像攀登阶梯一般，循序渐进为宜，尽管前途险阻重重，也要自我勉励，不断做出更大的挑战。当时认为不可能做到的事情，往往几年之后，出乎意料地简单达成了。

卡耐基说不甘做平庸之辈的人，必须有一个明确的追求目标，才能调动起自己的智慧和精力。

心中拥有目标，便会使自己不会太留意与之不相关的烦恼，不会与不相关的小麻烦斤斤计较，这会使你变得豁达、开朗。因为人的注意力是很有限的，一旦他全身心地为自己的目标而努力，去冥思苦想时，其他的事情是很难在其脑子里停留的，这个道理极其明显。

心中有了目标，人就会专门去找一些相关的麻烦来解决，以便自己为实现目标而进行一些必要的锻炼，这样，使人在不知不觉中培养起了积极的人生态度和勇于迎接困难的优良品质。

在现实生活中，确有许多"平庸之辈"有不甘平庸之心，这是一个积极入世的人不容回避的问题。作为一个平凡的人，尽管不可能都轰轰烈烈，但是能使平凡的人生较常人稍许不平凡一些，尽可能比别人强一些，是肯定能办到的。

我们需要提升生存的智慧，思考成功，追求卓越，对人生的意义、人生的价值、人生的幸福等问题交出较完美的答卷。不甘平庸，崇尚奋斗，正是人生之歌的主旋律。

没有明确的目标，没有目标的努力，显然如竹篮打水，终将一无所有。

目标是获得成功的基石，是成功路上的里程碑。目标能给你一个看得见的靶子，你一步一个脚印去实现这些目标，就会有成就感，就会更加信心百倍，向高峰挺进。

成功，是每一个追求者的热烈企盼和向往，是每一个奋斗者为之倾心的夙愿。在目标的推动下，人就能够被激励、鞭策，处于一种昂扬、激奋的状态下，去积极进取、创造，向着美好的未来挺进。

目标是一种持久的热望，是一种深藏于心底的潜意识。它能长时间调动你的创造激情，调动你的心力。你一旦想到这种强烈的愿望，就会产生一种原子能般的动力，就会有一种钢铸般的精神支柱。一想到它，你就会为之奋力拼搏，就会尽力完善自我，在艰难险阻面前，决然不会轻易说"不"字。为了目标的实现，去勇敢地超越自我，跨越障碍，踏出一条坦途。

目标是信念、志向的具体化，奋斗者一定要有梦想，并敢于做"大梦"，梦想正是步入成功殿堂的动力源。许多精英俊杰都是出色的梦想者，他们无一不是笃信大梦能成真的。他们梦想的目标一旦确立，就会万难不屈、坚毅果敢，充分发掘自己的潜能，将自己的才华优势发挥到极致，以百倍的努力冲刺、攀登。

正如美国成功学家拿破仑·希尔所言："你过去或现在的情况并不重要，你将来想获得什么成就才最重要。除非你对未来有理想，否则做不出什么大事来。有了目标，内心的力量才会找到方向。"

可以说，一个人之所以伟大，首先在于他有一个伟大的目标。

在人的成长过程中，必经历胎儿期、继承期、创造期和发展期几个阶段，在第二、三阶段中，有一个目标选择期。即从学校毕业到就业前后，是确定奋斗目标的阶段。

一个人能否成功，确定目标是首要的战略问题。目标能够指引人生、规范人生，是人成功的第一要义。目标之于事业，具有举足轻重的作用。忽视目标定位的人，或是始终确定不了目标的人，他的努力就会事倍功半，很难达到理想的彼岸。确立目标，是人生设计的第一乐章。

描绘生命的蓝图

成功人士与平庸之辈的差别，就在于前者为生命计划，决定一生的方向。

只有知道自己需要什么，你才能直达目标。

生命比盖房更需要蓝图，然而很多人从来没有计划过生命，每天只是醉生梦死地度过。

成功人士与平庸之辈的差别，就在于前者为生命计划，决定一生的方向。我们可以为生命做出计划，如拟订十年、五年、三年的计划；或拟订最接近此刻的长期一年的计划；最后是短期的计划，如一月、一周、一天。

1. 订出一生大纲：你这一辈子要做什么？当然，有很多事只能订出个大概，但你可以好好选择自己喜欢做的事。

你退休后要做什么？你的第二阶段要怎么过？也许你要终日徜徉于山水之间。如果现在你还不到 30 岁，以后也不想退休，那就不必为这些烦恼。

2. 二十年大计：有了大概的人生方向，就可以拟订细节。第一步是 20 年。订下这 20 年内你要成为什么样子，有哪些目标完成。然后想想从现在起，10 年后你要成为什么样的人。

3.十年目标：20 年大计一定要 20 年才能完成吗？不一定。你越富裕，就越快达到目标。

4.五年计划：只需要一台计算机和几秒钟，你就知道 5 年内要赚多少钱。

5.三年计划：3 年是重要的一环，一生大计通常只是简单的方向，而 3 年计划是最重要的决定点。

6.下年计划：这是你每周至少要检视一次的预算表和工作计划。每年都要有计划，尽量简单扼要，以数字为主，像赚得的金额、认识的人数等。12 个月的计划不是论文，而是行动大纲。

7.下月计划：认真地执行下个月的计划。以每月 15 日开始算起，是最适合的日子。

8.下周计划：这对大多数人而言，这是时间计划的关键。

9.明日计划：这是最具体的生命计划。

别被 20 年大计吓倒了，好好写下来，修改是难免的。订计划是件愉快的事，而非一项任务，如果你的计划是一串上升的数字，你很快会对它产生兴趣。

如果短期计划超过了 90 天，你会对它丧失兴趣，把它分散成单项，然后逐一在 90 天内完成。

只有知道自己需要什么，你才能直达目标。

拥有自己的计划

谁没有用以检查其行为标准的计划，那他的行为就容易被眼前的影响所支配；他认为今天寻求到的自信说不定明天就又会失去。

有了计划，就意味着有了保障。

一位著名的外交官曾说过："日常事情一件一件地向我们涌来。如果我们没有一个可以将之加以检查的计划，那么我们就会遇到许多困难。"

他所陈述的这种道理在外交、政治以及我们每个人的工作和生活中统统适用。应该按照自己的标准，去检查每天发生在我们身边的事情，谁若不懂得这一点，谁就将陷入不稳定的漩涡之中。他自己的个人意愿将难以实现，所定目标也将停滞不前。

所以，影响我们生活的有两件事情。其一就是日常之事，这是我们社会不断强加给我们的对立；其二就是拥有一份计划，我们按照这份计划来评判日常之事对我们自己是否有利，我们是否有能力处理好这些事情。

谁没有用以检查其行为标准的计划，那他的行为就容易被眼前的影响所支配；他认为今天寻求到的自信说不定明天就又会失去。

谁拥有一份长期计划，谁就会凭借它创造有利的前提，正确看待眼前的一切诱惑。

在此，还应进一步说明一下，拥有一份检视我们行为的计划到底有哪些好处：

拥有一份计划并贯彻它，意味着可以事先知道应该怎样度过这繁忙的一天。

拥有一份长期计划，就如同建立了一个安全网，当我们在日常生活中遇到困难时，它会及时地给予我们保障，就如空中飞人表演遇险而被安全网接住一样。

也意味着，可以及时界定我们的能力和可能性的范围，以期更接近我们所期望的目标。这样，我们就不会受外界影响和诱惑。

谁没计划，谁就会陷入危险之中。

卡耐基有一个朋友，是在乡下一个贫苦的家庭中长大的，他父亲早逝。之后他上了大学，毕业后当了一名法官，再之后又当了外交官和部长。

当卡耐基拜访他时，问他："您曾经说过，您是个心满意足的人。您是怎样做到这一点的呢？"

他思考了一会儿，然后回答道："严格地说，我几乎可以称得上是个心满意足、十分幸福的人。这当然有多方面的原因。

"但其中有两点是肯定的：人必须自信。同时也必须能够独立做事，而且不要过分依赖外部事物。"

对某些人来说，读了这几句话后，会感觉它们只是空洞的说教或者只是抽象的愿望、幻想。但这是他获得几乎可以称得上是心满意足、十分幸福的生活的关键因素。从这个伟大的生活计划中，他推导出解决日常问题的许许多多小计划。

有了计划，就意味着有了保障。由此而得出的最重要的结论是：当自己碰到问题时，不再认为总能想出解决问题的办法或者总会有贵人相助；或者认为"还没这么糟糕"或者"到目前为止，一切都挺好"，而是为解决问题做好充分准备。不靠碰运气，不只顾眼前，不依赖别人，而是自己为此担负起责任。

拥有一份计划就意味着：

今天就考虑好明天和后天会出现什么样的情况及应对策略。就像一个优秀的战略家，在真正采取行动之前，先练习沙盘作业，直至他认为已能圆满完成任务为止。或者像一名消防队员，平时坚持不懈地练习，以使自己在紧急情况下能应付自如。

一旦真的发生紧急情况，我们就能做好充分准备，清楚自己应做什么，并投入全部精力尽量做好，而不是惊慌失措，急于为自己的失败找替罪羊或为自己寻找托词。

这就是有计划的优点。另一个优点是，知道自己想做什么。在这种情况下，我们可能这样做，而另一种情况下也许会采取完全相反的做法。不管怎样，每次只做有利于更接近目标的事情。

读到这儿，如果您只说一句："是的，是的，这样活着，就不错了！"这是远远不够的。之后，您会很快就翻过这一页，而不是尝试着去实际做点什么。您也许会说："听起来都很好，但是……"还会成百上千次地说"如果"和"但是"，您应该知道，说这些都没用，坐着说，不如起来行动。

如果您已确定了一个目标，制定了一份最适合您的计划并下定决心：从今天开始，没有任何事情可以阻止我去执行我的计划，那么您就已经向成功又迈进了一大步。

如果您制定了这项计划，您就将它写在一张纸上，放在书桌上。这样您就可以每天早上和晚上都能看到它了。早上您会说："我要这样去做。"晚上，您会问："我是这样做的吗？"

当然，您可在下周利用一周的时间，每天晚上都回顾一下自己的生活。之后，确定新的目标，并制定出实现目标的方案。

或者您现在就开始，寻找每次失败的原因。从自己的认识出发，制定出具体的方案，以使自己在以后的日子里不会重蹈覆辙。

对自己进行"盘点"

这些问题的目的，在于使你发现哪些地方应进行改善，而不是要给什么奖赏。

没有人是一夜之间就成功的。想要获得成功是需要花时间的。

对自己提出下列问题并诚实作答，切勿故意说假话来满足自己的虚荣心，因为这些问题的目的，在于使你发现哪些地方应进行改善，而不是要给什么奖赏。

1. 你制定明确目标了吗？制定执行计划了吗？每天花多少时间在执行计划上？主动执行还是想到了才执行？

2. 你的明确目标是一种强烈欲望吗？多久振奋一次这个欲望？

3. 为了达到明确目标你付出了什么？正在付出吗？何时开始付出？

4. 你采取了什么步骤来组织智囊团？你多久和成员接触一次？你每个月、每周、每天和多少成员谈话？

5. 你有接受一些小挫折作为促使自己做更大努力的挑战的习惯吗？你从逆境中找出等值利益的种子的速度有多快？

6. 你是把时间花在执行计划上还是老想着你所碰到的阻碍？

7. 你经常为了将更多的时间用来执行计划而牺牲娱乐吗？或者经常为了娱乐而牺牲工作？

8. 你能把握每一分钟吗？

9. 你把你的生活看成是你过去运用时间的方式的结果吗？你满意你目前的生活吗？你希望以其他方式支配时间吗？你把逝去的每一秒钟都看成是生活更加进步的机会吗？

10. 你一直都有积极的心态吗？是大部分时候都保持积极的心态，还是有的时候积极？你现在的心态积极吗？你能使自己的心态立刻积极起来吗？积极之后呢？

11. 当你以行动具体表现了积极的心态时，经常会展现你的个人进取心吗？

12. 你相信你会因为幸运或意外收获而成功吗？什么时候会出现这幸运或意外收获呢？你相信你的成功是努力付出所换得的结果吗？你何时付出努力？

13. 你曾经受到他人进取心的激励吗？你经常受到他人的影响吗？你经常真正地以他作为榜样吗？

14. 你何时表现出多付出一点点的举动？每天都付出或只有在他人注意时才会表现多付出？你在表现多付出一点点的举动时心态正确吗？

15. 你的个性吸引人吗？你会每天早晨照镜子，并且改善你的微笑和表情吗？或者你只是单纯的洗脸刷牙而已？

16. 你如何应用你的信心？你何时奉行来自无穷智慧的激励力量？你经常忽视这些力量吗？

17. 你有培养自律能力吗？你的失控情绪经常使你做一些会令你很快就感到遗憾的事情吗？

18. 你能控制恐惧感吗？你经常表现出恐惧吗？你何时以你的信心取代恐惧？

19. 你经常以他人的意见作为事实吗？每当你听到他人的意见时你会抱着怀疑的态度吗？你经常以正确的思考来解决你所面对的问题吗？

20. 你经常以表现合作的方式来争取他人的合作吗？你在家里，在办公室，在你的智囊团这样做过吗？

21. 你给自己发挥想象力的机会吗？你何时运用创造力来解决问题？你有什么需要靠创造力才能解决的问题吗？

22. 你会放松自己，运动并且注意你的健康吗？你计划明年才开始吗？为什么不现在开始？

这份检讨问题单的目的，在于促使你对自己做番思考。你对于各项事情的运用方式充分反映出你将成功原则化为你生活一部分的程度。如果上述问题的回答不能令你满意，请不要气馁。曾经有好几百万人买过我的书，而且我也对成千上万人举行过演讲。虽然这些人当中有许多人都获得成功，但没有人是一夜之间就成功的。想要获得成功是需要花时间的。

不断调整人生目标

执着的追求是应该嘉许和称道的。但如明知道不行，却仍一条巷子走到黑，或明知客观条件造成的障碍无法逾越，还要硬钻牛角尖，就不可取了。

为目标下定义，不断修正，相信它会实现——成果就这样出现了。

执着的追求是应该嘉许和称道的。但如明知道不行，却仍一条巷子走到黑，或明知客观条件造成的障碍无法逾越，还要硬钻牛角尖，就不可取了。

目标、志向的调整，实际上是一种动态调整，是随机转移的。若发现你原来确定的目标与自己的条件及外在因素不适合，那就得改弦易辙，另择他径。

这种动态调整有以下的基本形式：

一是主攻方向的调节。若原定目标与自己的性格、才能、兴趣明显相悖，这样，目标实现的概率趋向为零。这就需要适时对目标做横向调整，并及时捕捉新的信息，确定新的、更易成功的主攻目标。

扬长避短是确定目标、选择职业的重要方法。在科学、艺术史上，大量人才成败的经历证明，有的人在某一方面具有良好的天赋和能力，但他不可能有多方面的强项；有的人在研究、治学上是一把好手，而一到管理、经营的岗位，他就一筹莫展，能力平平，甚至很差。

二是在原定目标基础上的调节。这是主攻方向不变，只是变革层次的调整。若是原目标定得过高了，只有很小的实现可能，必须调低，再继续积累，增强攻关的后劲。若原目标已实现，则要马不停蹄地制定新的更高层次的目标。若原目标定得太低，轻易就已跃过，则要权衡自己的能力、水平，将目标向上升级。

实现目标自然需要长期的努力。在为人生目标奋斗时，不能幻想一劳永逸，而要务实笃行、稳扎稳打、奋力前行。同时，也要看到，每取得一点成功，都是向总目标靠近一步。取得了全局性的成功，也不是目标的终止，而恰恰是向更高一级目标攀登的开始。

三是在获得信息反馈之中调节。即在原定目标中受挫而幡然醒悟，调整通道，重新把目标定在自己拿手的领域。美国科学家迈克尔逊青年时曾入海军学校，但他学习成绩很差，特别是军事课，长期不及格。学校多次批评教育，仍然不起作用，最后学校不得不把他开除。但是，他对物理实验却非常感兴趣，被开除后，他投入对物理的学习和研究，很快显示出才华。他长期孜孜不倦，苦苦钻研，不断攀登了一个又一个高峰，终于做出被荣称为"迈克尔逊光学实验"的伟大创举，为相对论奠定了实验基础，成为美国第一个获得诺贝尔奖的人。

四是从预测未来中调节。社会的需要和个人的兴趣、才能、性格等都经常会发生变化。要善于打一个"提前量"，进行预测。如才能的发展与年龄大小关系极大。任何才能都有其萌发期、发展期和衰退期，这样顺势而为，做出设想、规划，显然对目标定向是大有益处的。

五是对具体阶段目标视情况进行调节。大的目标要终生矢志追求，而小的阶段目标则可以进行适当的调节。科研人员在研究方向的选择上，有时为了能快出成果，改变思路而取得成功的结果，在科学史上不乏先例。

那么目标在什么情况下需要适时调整呢？一般来说如下几种情况必须调整人生目标：

第一，环境发生重大变化的时候，任何人的人生目标都是特定时代、特定环境的产物，而各种环境中主要是社会环境对人生目标具有决定作用。社会环境、自然环境的变化，会影响人生目标的变化，特别是重大的环境变化，常造成人生目标的重大改变。

所谓环境的重大变化时刻，是指两个方面发生的重大变化：一是国内外经济、政治、思想文化领域的大动荡；二是人们的家庭的经济、政治、亲属关系等发生重大变化。这两个方面发生的重大变化，对人生目标都将产生影响。我们的原则是，无论环境发生什么变化，具体的目标（某个阶段的目标或某个方面的目标）可以变通，随时做好调节，但总目标应该矢志不移。

第二，在人才竞争的胜败转折的时刻。奋斗中的成与败，常常形成人生道路的转折点，这已为无数事实所证明。

第三，人生总流程中，前后两个阶段相更替的时刻。这种时刻，称为人生转折时刻。这种转折，或发生在人的生理发生变化时（发育和疾病造成的），或发生在人的社会地位发生突变时，或发生在人的社会智能结构发生质变前后，总之，人生转折时刻是人自身某种或某些条件发生重要变化的时刻。这个时刻，也是容易引起人生目标发生改变的时刻。我们应努力防止在人生转折时刻发生人生目标的不良转变，防止因社会地位升高或降低而腐化或丧志，因疾病而颓丧，或因智能提高而骄傲，应使人生目标始终保持正确的大方向，具体目标始终切实可行。

为目标下定义，不断修正，相信它会实现——成果就这样出现了。任何人都能完成他们所想的，你也一样。但第一步，你必须知道这伟大的成就是什么；下一步就是设计许多能令你保持高昂情绪的小目标，让它们逐步引导你迈向成功。

每天对工作有选择地开展，对优先顺序做了解，对你大有助益。确信自己的努力没有白费，而且要求事半功倍。谨慎而自觉地决定事情先后，一般人从不这样做。他们只是任性而为，随波逐流。他们是基于恐惧、气愤和报复，而非为了活得更好而努力。他们不求提高效率，反而周旋于私人党派或政治成功的梦想，最后全幻化为泡影。

了解自己的需要和如何得到自己所想的。明了这些事情的轻重缓急，你可以按部就班地计划自己的一天。

第六章　与金钱和睦相处

聪明地运用金钱才能使人感到快乐

　　很少人能聪明地运用金钱，人们对金钱有许多自以为是的错误看法，其中有些甚至荒谬极了。

　　钱能够对提高我们的生活品质起到多少作用，要看我们能多聪明地运用手上的钱，而不是看我们到底有多少钱。

　　虽然很少有人真正知道自己想从生活中获取什么，但大部分的人却坚定地宣称，有了很多钱就可以使他们得到想要的一切。他们不仅错失了生活的本质，也曲解了金钱本来的意义。钱常被误用、滥用，很少人能聪明地运用金钱，人们对金钱有许多自以为是的错误看法，其中有些甚至荒谬极了。

　　长久以来，人们一直受物质主义的主宰和操纵，不断地以追求财富、积累金钱作为奋斗的目标，认为拥有了巨大的财富就拥有了快乐。诚然，金钱对人们的生活的确有作用，但是并不像大多数人想的那么重要。

　　人们对金钱最为普遍的一种错误认识是，钱可以使他们快乐。

实际上，金钱聚积过多，不仅不会带来快乐，反而成为仇恨、相争等烦恼的根源。

张三幸运地中了 500 万美元的彩票，当他发横财的时候其他人正在失业。在一般人的眼里，张三真是走了大运，有了这么多钱，他一定快乐得不得了。然而事实是，张三不仅没有得到快乐，反而陷入了不幸。自从张三中了彩票后，他就再也没见过自己的女儿，而且好多亲朋好友也都离他而去，原因是他没有把这一大笔天降横财分给他们。张三说："我现在要什么东西就可以买什么东西，但除此以外，我比任何人还要痛苦……我买不到感情和人心。有了这一大笔钱，我反而成了忌妒和仇恨的对象，人们不愿和我接近，我也时刻在担心有人接近我只是为了钱，我累极了……有朋友就是有朋友，没有就是没有，爱是买不到的，爱一定要建立。"

现实生活中，许多人通过努力工作、继承遗产、运气或是不合法的手段得到了大笔钱，然而，或者是因为不满足，或者是因钱而导致朋友的纷争、感情的背离，或是因为钱已够多而失去了目标，总之，他们都没有得到快乐。许多有钱人拥有一切物质上的享受，却过着自暴自弃的生活。

不管人们处于何种地位，钱都是生存的必需品，钱也是增进休闲方式、提高生活品质的一种途径。然而，不幸的是，人们都被贪婪蒙住了眼睛，把钱视为生活的目的，而不是改善生活的手段。把金钱本身当成了目的，人们就会陷入失望和不满，并且永远无法达到提升生活品质的目标。

对钱的另外一种误解是，人们把钱看作生活的保障和建立安全感的基础，就会制约我们去相信应该一心一意地积蓄物质财富，作为我们退休或遭到意外时的保障。如果你开始把钱看成完全的保障，就像不能买爱、朋友和家人，你也买不到真正的保障。

人所能拥有的真正的保障应该是内在的保障。这种内在的保障来源于天赋、创造力、才能、健康的体魄等内在因素，使你相信你能够运用自身的条件，去应付或克服作为一个独立的人所要面对的一切问题和情况。你如果拥有了这种内在的实际保障，就不会有那么多的惶恐和害怕，也不会将时间和精力专注于给自己建立外在的财务上的保障。最好的财务保障就是内在的创造能力，这种保障任何人都夺不去，你永远都能想办法谋生。你的本质建立于你本身是什么人，拥有怎样的精神状态，而不是你所拥有的外在的物质。你即使失去了所拥有的，你也还是自己生活的中心，这使你能保持健康明朗的生活。

将个人的安全感建立在金钱上，不外乎修建空中楼阁。那些努力为自己建立保障的人是最没有保障的人。情感上缺乏保障的人积累大量的金钱来抵御人格上所受的打击，填补空洞脆弱的内心，宣泄不愉快的感觉。追求保障的人本质上极为缺乏安全感，因此试图通过外部的事物，比如金钱、配偶、房屋、车子和名声，来求得心理上的安稳和平衡，他们一旦失去了自己所拥有的金钱财富，就失去了自己，因为他们的安全感、对自己的认同感，完全是以金钱为根本。

以物质和金钱追求为基础保障有很多偏狭之处，就算你是超级富翁，也可能遇车祸身亡，有钱人的健康状况和没钱的人一样会逐渐衰败，战争爆发影响穷人，也影响富人。以钱为保障的人还时刻担心金融危机时他们会失去所有的钱财。他们不仅没得到什么确实的保障，反而还增加了许多让他们恐慌的事。

那么，钱和快乐到底有什么关系？我们承认钱是生存的一项重要因素，但这并不能告诉我们，要多少钱才能够快乐。为这个社会主流所认同的某些成功人士，总是时时刻刻在宣扬，百万富翁才是生活的胜利者。也就是说，其他人都是失败者。很多事实证明，大部分财力平平的人比我们在报纸上读到的百万富翁更有资格当胜利者。

钱是生活中的权宜办法，钱能够对提高我们的生活品质起到多少作用，要看我们能多聪明地运用手上的钱，而不是看我们到底有多少钱。

在我们的社会中，很多人都认为钱代表权力、地位和安全，但其实钱在本质上没有一点能使我们快乐。要看清钱的本质，请做如下练习：现在把你身上或放在附近的钱拿出来，摸一摸，感觉它的温度。注意，它是冷冰冰的，晚上不能使你温暖。你和你的钱说话，它不会有任何反应，它的面目永远是那么僵硬，一成不变。不管你有多么爱它，它也不会给你一点回报。

麦克·菲力普曾是一位银行副总裁，他认为大多人把自己的身份牢牢地和钱结合在一起，在他的书《金钱七定律》中，他讨论了几种有趣的金钱观：

1. 如果你做了事情，钱自然会到你的手中。

2. 金钱是个梦——像传说中的花衣吹笛手一样吸引人。

3. 金钱是梦魇。

4. 你永远都不能把钱当作礼物送走。

5. 有的世界里没有钱这个东西。

当然钱的确有很多用途，没有人会否认钱在社会上和商场上所扮演的重要角色，但是人人都可以推翻错误的观点——认为钱越多就会越快乐。每个人所要做的就是留心。

我通过对以下问题的观察，提出了几点重要的意见：如果钱使人快乐，那么……

1. 为什么年薪 7 万美元以上的人当中，对自己薪水不满意的比率，比那些年薪 7 万美元以下的人高？

2. 有个人非法聚敛了 1000 万美元，为什么他累积到 200 万美元或者是 500 万美元的时候还不愿停止这种非法行为，却继续累积，直到被捕？

3. 为什么我所认识的一家人（他们的财产总值列居北美家庭的前一百名）告诉我，他们如果中了彩票赢了大奖会有多么快乐？

4. 为什么纽约的一群中了彩票的人要组成一个自助团体来处理中奖后的各种痛苦和忧郁的症状？他们在赢得大笔奖金之前从来没有经历过这种严重的痛苦和忧郁。

5. 为什么这么多高薪的棒球、足球、曲棍球球员有吸食毒品和酗酒的问题？

6. 医生是最有钱的职业之一，为什么他们的离婚、自杀和酗酒比例高于其他职业？

7. 为什么穷人捐给慈善事业的钱比富人捐得多？

8. 为什么有这么多有钱人犯法？

9. 为什么这么多有钱人去看精神科医生和心理治疗师？

以上只是一些警讯，提醒我们钱并不能保证快乐。

当我们满足了基本的生活需要后，钱不会使我们快乐，也不会使我们不快乐。如果我们每年挣到 25 000 美元就能够快乐，并且能够妥善地处理各种问题，当我们比现在更有钱时，还是会快乐，还是能妥善地处理问题。如果我们一年只挣 25 000 美元就使自己不快乐、神经过敏，而且不能很好地处理问题，那么即使年薪 100 万美元也是如此，还是神经过敏、不快乐，也不能好好地处理问题，差别只在于，我们是在豪华的住宅、丰富的物质享受里神经过敏、不快乐。

提升财商

财商可以通过后天的专门训练和学习得以改变，改变你的财商，可以改变你的财务状况。财商是一个人最需要的能力，也是最被人们忽略的能力。

许多终日为钱辛苦、为钱忙碌的上班族，都曾有过一些共同的体验，眼看着成功人士穿着名牌服装，住着豪华别墅，开着名贵轿车，羡慕不已。然而在羡慕之余，他们可能也曾经想过："是什么使得他们能够拥有财富，而我却没有？"

一次调查结果表明，有47%以上的受访者认为"炒股票或房地产"是贫富差距拉大的主因；其次是"个人工作能力与努力"（34%）；第三是"家庭原因"（19%）。根据调查结果可以发现，大部分的受访者认为，造成贫富差距越来越大的主因并非个人努力的成果，而是运气、机会等不公平游戏的结果。

的确，造成贫富差距扩大的直接原因是"股票与房地产""个人工作能力与努力""家庭原因"，但这些都是表面现象。人们习惯将贫穷归咎于外在的因素，如制度、运气、机会等，或者用负面的说辞为自己无所作为开脱。他们认为有钱人大多是因为投资房地产或股票而致富，而造成财富增加主要是因为"拥有适当的投资"。

那么我们更深入一步提问，为什么他们拥有资金来投资房地产和股票，他们又是如何操作使他们能够不断赚钱的呢？到底那些富人拥有什么特殊技能，是那些天天省吃俭用、日日勤奋工作的上班族所欠缺的呢？他们何以能在一生中累积如此巨大的财富呢？

这些问题都不是用家世、创业、职业、学历、智商与努力程度等因素能解释得了的。

专家们经过观察、归纳与研究，终于发现了一个被众人所忽略但却极为重要的原因，那就是是否具有较高的财商。

每个人都有一个成功的梦想、一个创富的梦想。在市场经济社会里，金钱从某种意义上讲是成功的一种体现，财富也自然成为衡量成功的一个标尺。

不同的人有不同的追逐财富的方式，那么如何衡量一个人的理财能力呢？以往人们更多的是根据财富来评价一个人的能力，但往往只能看到结果，而不能预先做出相对准确的评估。

财商则提供了一个新的维度，来衡量一个人的理财能力和创造财富的智慧。那么，什么是财商呢？

财商是指一个人在财务方面的智力，是理财的智慧。财商可以通过后天的专门训练和学习得以改变，改变你的财商，可以改变你的财务状况。财商是一个人最需要的能力，也是最被人们忽略的能力。可以想象，一个漠视财商的人，一定是现实感很差的人。

财商包括两方面的能力：一是正确认识金钱及金钱规律的能力；二是正确使用金钱及金钱规律的能力。财商并不仅是人们现实的唯一能健康发展的智能，而且是人为观念和智能中的一种，当然也是非常重要的一种。财商常常被人们急需，也被忽略。财商不是孤立的，而是与人的其他智慧和能力密切相关的。事实上，财商与智商、情商一样，都是一种指导人们行为的无形力量。而财商也是可以通过学习来获得的。

　　财商不仅是一个理财的概念，更是一种全新的金钱思想。富人之所以成为富人、穷人之所以成为穷人的根本原因就在于这种不同的金钱观。穷人是遵循"工作为挣钱"的思路，而富人则是主张"钱要为我工作"。富人是因为学习和掌握了财务知识，了解金钱的运作规律并为己所用，大大提高了自己的财商；而穷人则是缺少财务知识，不懂得金钱的运作规律，没有开发自己的财商。尽管有的人很聪明能干，接受了良好的学校教育，具有很高的专业知识和工作能力，但由于缺少财商，还是成不了富人。

　　金钱是一种思想，有关金钱的教育和智慧是开启财富大门的金钥匙。财富是一个观念，但观念可以变成财富。

　　思维和观念对现实有支配作用，金钱是一种思想，如果你想要更多的钱，只需改变你的思想。善于利用金钱的力量，是聪明人的重要财富。

　　在卡耐基看来，有关金钱的教育和智慧是非常重要的。他认为我们可以早点动手，买一本好书，参加一些有用的研讨班，然后付诸实践、从小笔金额做起，逐渐做大。

　　我们每个人都有两样伟大的东西：思想和时间。当钞票流入你的手中，只有你才有权决定你自己的前途。愚蠢地用掉它，你就选择了贫困；把钱用在负债项目上，你就会进入中产阶层；投资于你的头脑，学习如何获取资产，财富将成为你的目标和你的未来。选择是你做出的，每一天面对每一元钱，你都在做出自己是成为一名富人、穷人还是中产阶级的抉择。

　　高薪不等于富裕，改变固有的思维方式才能让你真正获得财务自由。人类最大的资产其实就是自己的脑子。但你最大的负债也是你的脑子。事实上，不是你做的是什么，而是你想的是什么。

一个房子可能是一个资产，也可能是负债。如果一个人住在价值500万美元的房子里，但是这房子仍旧是一项负债，每个月要花费两万美金来维护、支持这套房子。你可以看到，每个月钱都从他的兜里跑掉了。其实，资产可以是任何东西，只要它能给你带来现金收入。

人有好多种，一种是穷人的心态，一种是中产阶级的心态，一种是富人的心态。一个人应该尽早决定他到底是处于穷人的心态，还是处于中产阶级的心态，还是变成一种富人的心态。这是迈向成功的第一步。

节俭的别名不叫吝啬

仅有少数人懂得节俭的真正意义。真正的节俭并非吝啬，而是经济的、有效率的节省用度，并非一毛不拔，而是用度适当。

所谓节俭，从宽泛的角度讲，包含了深谋远虑和权衡利弊的因素。

我们崇尚节俭，同样我们也反对不恰当的节俭。

所罗门说过，"普种广收""没有投资就没有回报""小处节省，大处浪费""省一分油钱，毁一艘轮船"。还有许多家喻户晓的谚语都反映了错误的节约不仅无益反而有害的常识。

美国作家约瑟·比林斯说："有几种节俭是不合适的，比如忍着痛苦求节俭就是一个例子。"

仅有少数人懂得节俭的真正意义。真正的节俭并非吝啬，而是经济的、有效率的节省用度，并非一毛不拔，而是用度适当。

善于节俭的人与不善节俭的人，其实有很大的不同。那不善节俭的人常常为了节省一分钱的东西，却费去价值一角钱的光阴。我从来没有见过斤斤计较的人成就了大事业。吝啬的节俭确实是最不合算的。而企图做大事业的人，一定要有度，切不可斤斤计较于一分一厘。只有靠理智的头脑、合理的处事，才能成功。

所谓节俭，从宽泛的角度讲，包含了深谋远虑和权衡利弊的因素。最聪明的节省，有时却常需要过分的消费，比如做大生意使用交际费并不是一种浪费，乃是一种大度的用法，是一种恰当的投资。

慷慨大度经常有助人的雄心的实现，能够使人们获得多方面的收获，帮助我们在社会的阶梯中上升，这远比把金钱存入银行更有价值。因此，欲成大业者，应该做到深谋远虑，切勿因吝啬而妨碍自己希望的实现，使很好的机会丧失。

节省的习惯，假如行之过度，反而得不到良好结果，非但不能成为进身之阶，反而常常成为绊脚的石头。商人吝啬得不肯多花资金来经营，农夫吝啬得不肯在地里多播种，是同样不正确的节省。俗话说："种得少，收成也少。"

有一个人为了建造新房子，就把旧房子拆掉了，但他把旧地基留下来，因为他认为这样可以节省几百块钱。新房子要比旧房子高好几层，仅仅几个星期就完工了，但是房子由于地基不牢，看上去摇摇欲坠，人还没住进去，房子就已经倒塌了。这样的人不止他一个，到处都有为了节省"地基费用"而铸成大错的人。

过去有些年轻人吝啬个人的教育投资，认为花那么多钱就是为了找个好职业真是不值得，因为他认为即使读了许多书，自己也不会成为什么了不起的人。有些年轻人在校期间就只选容易的题目做，跳过难题，只要求自己达到一个基本的底线就行了，而且还经常因为自己逃学、考试作弊等得意扬扬。还有的年轻人对工作敷衍了事，由于无知和缺乏必要的能力，他们在职业竞争中总是处于劣势，事业上难有发展。许多失败的人就是由于基础打得不牢，致使后来的努力都化为了泡影，整个人萎靡不振。

在生活中，居然还有那么多的父母为了增加家庭收入，剥夺了孩子上大学的权利，让他们半路出去工作，妄图让他们抓住只有接受高等教育才有可能抓住的机会！

居然还有那么多人为了在交友上省钱而忽略了朋友，为了在社交上省钱而借口没时间拜访别人，也没时间接待客人！我们省去了假期，直到工作太累而被迫休长假，而当我们那组织严密却脆弱无比的身体筋疲力尽时，任何关键部位出毛病都是很危险的。

许多人总是恐惧"可怕的未来"而不敢享受现在，他们克制自己的种种欲望，声称掏不起那个钱。他们放弃了真正的生活，他们在今天活着，却渴望在明天真正地生活和享受。如果他们出去休几天假，或者旅行一次，就好像有莫大的损失一样。他们连花一分钱都感到害怕，但实际上那是他们必须支出的费用和最起码的生活底线。

有一个商人，他曾出国游览过很多名胜古迹，但是他太吝啬了，连去历史建筑物里面看一看的门票钱都舍不得花。例如，他去过很多有名人故居的国家。在那些国家，那些名人故居被认为是但凡去该国的人都要游览的胜地。但是他却从来没有进去过，因为他舍不得买门票。他说在建筑物外面看看就足够了。所以，此人虽然去过相当多的地方，但他却不能颇有见地地谈论它们。

慷慨大方对于年龄不大的人来说可能是奢侈，但它有时却是一种最佳的节约。友好的帮助和激励，以及与有教养的人交际都是用钱买不来的。

一个人是否能拿得出 10 ~ 15 美元参加一次宴会，本身并不是什么问题。他可能为此花掉了 15 美元，但他也许通过与成就卓著的客人结交，获得了相当于 100 美元的鼓舞和灵感。那样的场合常常对一个人的雄心壮志有巨大的刺激作用，因为他可以结交到各种博学多闻、经验丰富的人。在自己力所能及的情况下，对任何有助增进知识、开阔视野的事情进行投资都是明智的消费。

当然，我们不鼓励任何人都将其知识商业化，或者以见不得人的方式出售其脑力，但奋发向上的年轻人确实应该结交那些能鼓励和帮助他的人。与厉行节俭、精力充沛、事业有成的人建立亲密关系，对一个人的高远志向有着巨大的激励作用，我们由此可能做得更好，充分挖掘出自己的潜力。因此，与这样的人相识相知是年轻人最有利的投资。如果一个人要追求最大的成功、最完美的气质和最圆满的人生，那么他就会把这种消费当作一种最恰当的投资，他就不会为错误的节约观所困惑，也不会为错误的"奢侈观念"所束缚。

有一个年轻的商人，他总是在小的方面过度吝啬，结果竟然使他的生意失败。他的一套衣服和一条领带，非到破旧不堪才肯抛弃。他从没想到过邀请一个有密切业务往来的客户吃一顿饭，在旅行时即便与熟悉客户偶然相遇，也从不替客户付一次旅费。于是，他落得个吝啬的名声，结果大家都不愿与他做交易。而他竟然还不知道，使他蒙受极大的损失的就是他那过度节省的习惯。

很多人为节省些小钱，竟损坏了他们自己的健康。要想在职业上获得成功，必须防止不正确的节省。不论怎样贫穷，你可以在别的地方节省，但却不可以在食物上节省，由于食物是健康的基础，也是成功的基础。

过度的、不当的节省常常会消耗人的体力和精力。许多人身体患着疾病，但为了节省金钱竟不去求医，不但受着痛苦，并且由于身体的病弱，在自己的职业上也做不出出色的业绩来。

凡是足以阻碍我们生命前进的，不论是疾病还是其他障碍物，我们应当不惜一切代价来设法诊治和补救，这是我们生命中最重要的事情。

应当将增进我们的体力和智力作为目标，因此，凡可增加体力和智力的事情，不管要耗费多少代价，都要去做。那些可以促进我们成功、有利于我们事业的，我们在金钱方面一定不可吝啬。

英国著名文学家罗斯金说："通常人们认为，节俭这两个字的含义应该是'省钱的方法'。其实不对，节俭应该解释为'用钱的方法'。也就是说，我们应该怎样去购置必要的家具；怎样把钱花在最恰当的用途上；怎样安排在衣、食、住、行，以及生育和娱乐等方面的花费。总而言之，我们应该把钱用得最为恰当、最为有效，这才是真正的节俭。"

减少消费，你也做得到

要想达到经济独立，首先你就得明确经济独立的定义。

只要稍微谨慎一点用钱，大多数人都能减少可观的花费。

杰里·吉果斯在他所著的《钱爱》一书中提出的一种观点就是，你可以把借来的钱当作自己的收入。如果你一时还无法接受这种观点，是因为你觉得用自己的钱才能心安理得，才能真正轻松自在，那么你必须达到经济独立。要达到真正的经济独立以享受自在的生活，其实并不像人们通常想象的那么难，这并不是以庞大的财力为基础。

要想过悠闲轻松的快乐生活，并不一定要住大厦、开名车、穿金戴银。重要的是，你拥有什么样的生活态度。如果有了健康正确的心态，你即使靠着借来的钱，也能舒舒服服、痛痛快快地享受人生。

要想达到经济独立，首先你就得明确经济独立的定义。你可以不用增加收入或财产就能达到经济独立，你所要做的只是改变自己的想法，重新想想什么是经济独立，什么不是经济独立。为了明确你对经济独立的认识，你可以看看下面的几项选择中哪一项是达到经济独立的重要因素。

1. 中了百万美元的奖券。

2. 有一大笔公司退休金再加上政府的养老金。

3. 继承有钱亲戚的巨额遗产。

4. 和有钱人结婚。

5. 找财务顾问来协助做正确的投资。

我曾做过一项调查，发现将要退休的人最关心的事，以重要性依次排列是：财务保障、身体健康和可以共同分享退休生活的配偶或朋友。然而，有趣的是，这些人退休之后不久通常就改变了想法。健康成为他们关注的头等大事，而经济状况则下降到了第三位。很明显，虽然他们所预期的收入还是不变，但他们对经济的看法却已经改变了。

调查结果显示，人们退休之后实际生活所需比他们原先想象的少得多，钱对高品质的生活没有那么大的影响和作用，同时，这个结果也证明了上述的几项因素没有一个是真正经济独立的必要条件。

多明奎兹，1940 年生于美国科罗拉多州一个富豪之家，从小过着优裕的生活。然而随着年龄的渐渐增长，他不愿再依赖家里。18 岁的时候，多明奎兹靠着一份极其微薄的薪水实现了经济独立。在其他人尤其他家里人的眼中，这样的收入还不如贫民。但多明奎兹觉得，只要自己愿意，不管收入多少，都可以达到经济独立。不要以为百万富翁才具有经济独立的能力，一个月 500 美元或者低于 500 美元就可以达到经济独立。如何能做到？他说："真正的经济独立无非是量入而出，如果你每个月只挣 500 美元，但能够把开支控制到 499 美元，你就是经济独立了。"多明奎兹多年来每个月就靠 500 美元生活，并拒绝家里人的援助。到 1969 年他 29 岁的时候，就经济独立地退休了。退休之前，他是华尔街的股票经纪人，看到许多人虽然社会地位颇高、收入丰厚，但却活得艰辛劳苦，一点也不快乐，这使他感到这种生活一点也没有意思。多明奎兹决定脱离这种工作环境，于是他设计了个人的财务计划，过一种简化的生活方式。他的生活舒适轻松，而且从来没有什么负担和压力，但一年却只需要 6000 美元，这是他把积蓄投资在国库债券的利息。由于多明奎兹的生活中没有过多的物质需求，他把从 1980 年以来主持公开研讨会"扭转你和钱的关系并达到真正经济独立"的额外收入，以及在《新生活杂志》上发表指导人们正确运用金钱的文章获取的稿费，全数捐给了慈善机构。

我们其实不需要那么多物质和财富，对于金钱，只要使我们能吃饱肚子、有水喝、有衣服取暖，再加一个可以遮风避雨的地方足矣。现代人大都过着奢侈的生活却不自觉。两套以上的替换衣服可以算是奢侈，拥有一幢房子也是奢侈；一台电视机是奢侈品，一辆车也是奢侈品。很多人会大声疾呼这些都是必需品，但它们并不是必需品，如果它们是，在还没有这些东西出现的古代，人们是不是无法生活了，至少也是无法快乐。显而易见，事实并不是这样的。

当然，我并不是要每个人的思想都必须有 180 度的大转弯，只维持最起码的需求，更不是要人们都去当清教徒、苦行僧。我自己在过去几年来也时常收入低微，生活里还是保持着某些奢侈享受，而且不愿放弃。重点是在于，一般人至少可以减少一些花费。许多奢侈品其实没有任何意义，只能带给人们虚伪的自我膨胀。招摇阔绰地展示奢华和富有是一种浅薄的手段，想要借着炫人的财富——大过所需的房子、移动电话、豪华轿车以及最先进的音响——在别人面前，尤其是比较穷的人面前，证明自己高人一等。这种行为显示出缺乏自尊和内在本质。

人们那种追求金钱、炫耀金钱的虚荣心态实在该改一改了，疯狂地攫取金钱，买一些只能说是垃圾的东西，目的就是展现给别人看，以此来显示自己的价值，而实际上却失去了生命中更为宝贵的东西：本质、自尊以及真实的生活。

莫瑞德夫妇有两个小女儿，他们是一个真正经济独立但并不富裕的家庭。他们靠着一份差不多只有普通人一半的收入，就过着很好的生活。莫瑞德夫妇都是受过专业训练的学校老师，如果他们想，一年加起来可以挣 10 多万美元，可是只有丈夫布兰特在工作，而且是一份兼职的工作，他们一家四口，一年只用不到 3 万美元就过得很舒服，因为他们学会了聪明地花钱，所以能够达到经济独立。莫瑞德一家过去 10 年来都过着简单的生活，他们说这种生活一点都不难过，他们觉得自己很好，因为他们对环保尽了自己的力量。事实上，他们的生活哲学已经变成了"少就是多"。他们的收入虽然比一般人低，但却买到了一个珍贵的东西，很多收入比他们高上 10 倍的人却还买不起这个东西。这个珍贵的东西就是大量的休闲时间，他们可以用来做自己想做的事情。

只要稍微谨慎一点用钱，大多数人都能减少可观的花费，人们如果能充分运用创造力和机智，不花什么钱，都可以过上逍遥快活的生活。

避开负债陷阱

要保持自己良好的名誉，必须遵守一条规律：赚得多花得少。在这个随处布满陷阱的现代社会，好像没有什么比这件事更需要人们小心防范的了。

假如你认为只要借得一笔资本，就能够创业了，那你就完全想错了。实际上，即便你已经借到了资本，你也未必会创业成功。据我所知，那些毫无商业经验的人靠借来的钱做生意而最后能成功的实在不多见。

一个毫无成功把握的人去创业，没有不遇到经济困难的。但是，假如他确实有相当能力和充分的成功把握，这样无形中就已经在别人面前树立了信用，那么即便他靠借来的本钱创业，也没有太大关系。

一个立意要创业的人，首先必须掌握所要从事的业务范围的详细情况；其次，还要有挑选录用合格雇员的眼力。假如这两点做不到，你对于所要经营的事业就会毫无头绪，在挑选录用员工方面也不加区别，那么即便你做事很忠诚，待人很诚恳，当你向别人开口借钱以作为你的创业资本时，其他人也会毫不犹豫地一口回绝。

当你准备创业之时，最好不要心存太大的奢望，开始规模小些也不要紧，只要你确实是一个杰出的人、能干的人，经过一段时间的筹划经营后，自然能发展得非常喜人。假如你能做到这一点，即使资本是借来的，倒也无妨。

比彻教导他的儿子说："你得像逃避恶魔一样避免借债。"你要快下决心，不论你怎样急需金钱，也不要让你的名字出现在人家的账簿上！

富兰克林那《穷查理年鉴》里有句话说得好："借钱等于自投苦恼的罗网。"是啊，法庭上每天有多少民事纠纷案都能够为这句话作证。

当然，这句话并不适用全部的情形，也有一种例外。当一个人由于意外事件而陷入困境时，当遭遇很多从天而降的祸患时，往往任何人都难以靠自己的努力去避免，即便是满怀希望，事业也难免遇到意外的困难和阻力，到了那时，不论你怎么小心谨慎，无论你思想上如何正确，无论你怎样不爱向人借钱，为了应一时之急，你都必须硬着头皮去向银行贷款。但就是到了那时，也要谨记一条：借得慢，还得快。

这一原则也适用于生意上的放账和借款，事实上放账和借款都是在所难免的，但你在两个方面都得有一个限度。

一个步入生活的正轨、沿着事业的健康道路前进的人，首先要注意的是，要适当地平衡好自己的才能、意愿、目标。不要因为目标太大，眼光太高，便走上举债经营的道路。

一些年轻人由于大意的缘故，经常因为借贷不立契约或不立书面的凭据而发生许多有损名誉的纠纷，使他们的前途受到不利的影响，渐趋暗淡，并且还使他们在道德与精神上受到极大的伤害。

世界上每年有无数本来大有前途的年轻人由于借债而遭到了意外的失败。当他们刚跨进社会时，或许还没有染上借债这种恶习，他们原先或许非常看重名誉，也从不喜欢到处去借钱来胡乱花用，那时他们的前途是非常光明的。但后来由于一点小小的用途无意中开启了借债的大门后，他们便渐渐陷入了难以自拔的危险境地。

每年因债务纠纷而丧生的人，比因战争而死的人要多出数十倍。现代的天才人物中，居然有七个人因举债而丢掉了性命，包括一个小说家、一个学者、两个法学家、两位政界名人和一个演讲天才。

美国的一位知名人物斯蒂芬孙做人是特别小心谨慎的，人所共知，人皆敬仰。可是他在描述自己理想中的生活时，还战战兢兢地希望自己不要陷入借债的漩涡中去。

斯蒂芬孙说："我们对他人必须示以爱和忠诚，平时应当量入为出。对于自己的家庭，应当保持快乐的气氛。对朋友，必须竭力避免仇恨，当然也决不可忍受无谓的屈辱。假如遇到蛮不讲理的人，最好还是早些避开为好——这是通向理想生活的捷径。"

纽维尔·希里斯博士也说："你要使自己过上一种安稳的生活，要保持自己良好的名誉，必须遵守一条规律：赚得多花得少。"在这个随处布满陷阱的现代社会，好像没有什么比这件事更需要人们小心防范的了。

有的人之所以喜欢向人借债，是由于他们看不到借债背后所隐藏着的危险。假如他们考虑到万一不能还清债务的严重后果：包括丧失人格、迫不得已的撒谎、可能的营私舞弊、为逃避债务而东躲西藏等，他们真不知道要急成什么样子，甚至连觉也睡不香，饭也吃不下。

假如他们弄清了一旦戴上了债务的手铐无法挣扎的情形，他们一定会喊起来："宁可穷苦而死也不做债务的奴隶。"

负债是世界上最苦恼不过的事情。只有那些因债务缠身、时刻受着债主的要挟与压迫、因债务而吃尽苦头的人，才了解负债是人生的最大威胁。债务会把一个人的体力、气魄、人格、精神、志趣、雄姿消磨得一干二净，因为债务对人的压迫，还会把一个人一生的希望全部毁灭。

为你的明天而储蓄

　　我们必须学习以所存的钱，而非所花的钱，来衡量成功。

　　由于没有多少现款，我们失去了生活中的许多好机会，而这仅仅是因为我们在一帆风顺的时候总是把钱花得精光。

你孩提时是否拥有过储蓄罐呢？它是在金属盖上开一个小缝，有杯子做装饰的铁罐，还是底部有紫色墨水写着 *"Hecho En Mexico"*、油彩斑斓的猪型石膏储蓄罐？那时候我们是储蓄的一代，每个家庭起码都会存一点钱。而在每个领薪水的日子，父亲都会到银行存款，就是在最艰难的时候，每个家庭每个月也总要存上一点。

现在时代改变了，美国比其他国家的储蓄率低，只不过隔了一代，我们的平均存款便较以往下跌了 6%。相对于日本人平均每月储蓄薪水的 19.2%，瑞士每月储蓄薪水的 22.5%，美国人只存 2.9%。

你每月储蓄多少薪金呢？你的银行存款有多少足以用来度过危机？记住基本的储蓄原则：你起码需要有一个月的薪金存款，以保障你在危难时可以利用。根据这个标准，你超过了或仍然未及？

《我们在哪儿》(*Where We Stand*) 的编辑总结道："长期来说，不断下降的存款数额，非但危害家庭安全，也严重削弱了国家未来的投资资金。"

存钱对某些人来说是困难的，特别是在负债时和日常必须有充裕资金来周转的情况下。但是长远来看，假如你每天存下一小部分钱，你就会惊讶地发现，就是在最恶劣的时期，你仍有可观的金钱可供使用。

记得伽纳——那位做冰箱维修生意的人吗？1929 年股市崩溃时，他还是一个年轻小伙子，他把宝贵的经验传授给女儿。

"家父教我对金钱要有责任感，"她告诉我们，"他这样说道：'假如你还有钱可花，就该为明天而把这些钱存起来！'"

在个人和国家财政赤字日益升高之际，大家不妨记住这句法国的古老格言："远离债务就是远离危险！"前美式足球员布莱恩·布络辛曾如此说："我这一生中，一直带着破口的钱袋，直到有一天，我才警觉到自己要赶紧把它缝起来。"

我们花费了一生的时间用来追逐金钱，时常想象着金钱是用之不尽的，如今钱没了，这岂不是一个大好时机，可以问一下自己：我真需要它吗，还是我可以等？我们是否每次都有必要从皮夹掏出信用卡，或拿着存款簿提钱呢？我今年今月今日，存了多少钱？我们必须学习以所存的钱而非所花的钱来衡量成功。有一个非常有才气的年轻人，他挣了很多钱，对未来很有信心，所以他总是把钱花得精光。突然有一天，他年轻的妻子得了重病，为了保住妻子的生命，他不得已请了一位著名的外科医生为妻子做一个性命攸关的手术，但是，医生要等他交足费用以后才能动手术。年轻人只好去借钱，这可是一笔巨款啊！妻子的命终于保住了，但是妻子随之而来的疗养和孩子们接二连三的生病，加上饱受焦虑的折磨，终于使他积劳成疾，赚的钱一年比一年少。最后，这个人职业受挫，全家穷困潦倒，没有钱渡过难关。在妻子患病之前，他本可以在一年之中就轻而易举地存上千把元钱，但他当时认为没这个必要，相信以后挣钱也这么容易。

美国节俭协会主席向全国教育协会所做的名为"伟大的节俭"的演讲中说："法庭的记录显示，在去世的男人中，只有3%的人留下了10 000美元以上的遗产，另有15%的人留下了2000美元到10 000美元的遗产，而82%的男人根本就没有任何遗产。因此，这就造成了只有18%的寡妇具备良好舒适的生活条件，而有47%的寡妇被迫出去工作，35%的寡妇则一无所有。"

罗斯福上校说："我鄙视那些不养家糊口的男人，每个男人都有责任拿出一定的收入来养家糊口。这不是一个生意上的投资问题，这是每个男人的责任！要他的亲人跟着他自己去冒险是很不公平的。就他个人的能力来说，让他自己独自去冒这个险还差不多。而且，想到自己去世，或发生变故，或由于经营不善造成生意失败以后，亲人可以得到安顿，这种感觉对任何男人来说，都是一种极大的满足。"

存下每个月赚来的辛苦钱，先撇开暂时的物质诱惑，为你的长远目标努力。开始时你可能毫无收获，一段时间后必能满载而归。

　　有许多年轻人经常向别人夸耀他们每月可以赚很多的钱，但拿到之后总是花个精光，他们从来不愿存一分钱。这种年轻人将来到了晚年，一定不会剩下几个钱，他们晚年的景象可能会很凄凉。

　　许多年轻人往往把他们本来应该用于发展他们事业的必备资本，用到雪茄烟、香槟酒、舞厅、戏院等无聊的地方。如果他们能把这些不必要的花费节省下来，时间一久一定大为可观，可以为将来发展事业奠定一个经济基础。

　　不少青年一踏入社会就花钱如流水一般，胡乱挥霍，这些人似乎从不知道金钱对于他们将来事业的价值。他们胡乱花钱的目的好像是想让别人夸他一声"阔气"，或是让别人感到他们很有钱。

　　关于这个问题，有位作家的一段话说得特别好。他说，在我们的社会中，"浪费"两个字不知使人们失去了多少快乐和幸福。浪费的原因不外乎三种：

　　一、对于任何物品都讲究时髦，比如服饰、日用品、饮食都要最好的、最流行的。总之，生活的一切方面都愈阔气愈好。

　　二、不善于自我克制，不管有用没用，想到什么就去买什么。

　　三、有了各种各样的嗜好，又缺乏戒除这些嗜好的意志。总结起来就是一个问题，他们从来没有考虑过要改变自己的性格，克制自己的欲望。造成这种追求浮华虚荣的最大原因就是人们习惯随心所欲、任性为之的做法。

　　当然，节俭不等同于吝啬。然而，即便是一个生性吝啬的人，他的前途也仍然大有希望；但如果是一个挥金如土、毫不珍惜金钱的人，他的一生可能将因此而断送。不少人尽管以前也曾经刻苦努力地做过许多事情，但至今仍然是一穷二白，主要原因就在于他们没有储蓄的好习惯。

有的年轻人从来不存钱，到中年以后仍然是不名一文。一旦失去了职业，又没有朋友帮助他，那么他就只好徘徊街头，没有着落。他要是偶然遇到一个朋友，就不断地诉苦，说自己的命运如何不济，希望那个朋友能借钱给他。这样的人一旦失业稍久，就容易落到饥肠辘辘、衣不遮体的地步，甚至到了寒冬可能挨冻而死。他之所以落到这种地步，要吃这样的苦头，就是因为不肯在年轻力壮时储蓄一点钱。他似乎从来没有想到过，储蓄对他会有怎样的帮助，也从来不懂得许多人的幸福都是建立在"储蓄"这两个字之上的。

为什么有那么多人如今都过着勉强糊口的生活呢？因为这些人不懂得，以前应少享些安乐、多过些清苦的日子。他们从来不知道去向那些白手起家的伟大人物学一学；他们从来不懂得什么叫自我克制，无论口袋里有多少钱都要把它花得分文不剩；他们有时为了面子，即便债台高筑也在所不惜。

挥霍无度的恶习恰恰显示出一个人没有大的抱负、没有希望，甚至就是在自投失败的罗网。这样的人平时对于收支从来漫不经心，从来不曾想到要积蓄金钱。如果要成功，任何青年人都要牢记一点：对于收支要养成一种有节制、有计划的良好习惯。

如果你不节约金钱、爱惜时间，那么你就不会成功地主宰自己。当然，也有许多在某个方面具有才能的人完全没有金钱价值的概念，他们一有钱就挥霍无度。但是，只要他们不为未来储蓄，他们就会章法大乱，无异于野蛮的原始人。

那些因为自己不够富有而烦躁的人，那些不能克制自我的人，那些被自己的冲动所支配、不愿为未来积蓄而放弃及时行乐的人，都将处于不利的境遇。

由于没有多少现款，我们失去了生活中的许多好机会，而这仅仅是因为我们在一帆风顺的时候总是把钱花得精光。预留一些现钱，在银行存些钱，花点钱买保险，或者做一些固定投资，这样可以预防不测。

每个年轻人都应当有储蓄的远见和机智。这能使他在患病、面对死亡或紧急情况下镇定自若，而且万一遭受重大损失，也可以东山再起。没有储蓄，他可能许多年都不得翻身，尤其是在还有一大家子指望他供养的情况下。

在恐慌或危急情况下，少量的现金就可能带来许多的幸运。多数人通常都会碰到几次急需现金的情况，或许1000块钱就决定着人们是成功还是失败。但要是没有这1000块钱，他们也许就失败了，从此陷入绝望之中。

几年前，报纸上曾报道过这样一位富人，他和别人一样，通过自己的努力挣了很多钱，但是很愚蠢地花掉了。一篇报告登出了如下电报：

"在英格兰大酒店里，匹兹堡的弗兰克·福克斯先生用一张50美元的钞票擦完脸后，就把钞票扔到地板上。然后他从兜里的一摞5美元和10美元的钞票中抽出一叠扔到吧台上，说道：'伙计，给我一杯酒，快点！要不我就买下整个酒店，然后炒你的鱿鱼！'"

我们很容易就能猜出这个人最后的命运。除了知道他是靠自己敛聚财富外，我们对他的过去一无所知。他如果要拥有巨额财富，也必须和别人一样相当节俭。但是，他从来不知道节俭为何物，而节俭能教会人们如何花钱和储蓄。有许多人积累了很多钱，却不知如何明智地花钱。

有些消费行为看起来似乎是浪费，但其实往往是最节约的。

有许多家庭，特别是小城镇和农村的家庭拥有私人汽车，但是家里却没有浴缸，而他们又在考虑支付其他的昂贵开支。

消费最重要的就是做到物有所值。有些人表面上穿的是绫罗绸缎，戴的是金银珠宝，坐的是豪华轿车，肚子里却是一包稻草，骨子里更是龌龊不堪，这是很为人所不齿的。要穿舒适的衣服，但同时也要给自己以自尊的品格、好学而健康的头脑和美好的性情。把金钱和时间花在更具有持久影响力的事情上，进行自我投资来提升自己，把钱花在追求更高的目标方面，不仅个人会获得极大的满足，而且更高的素质也有利于进一步的创富。

选择在最有价值的事情上进行投资，这是一种有益的消费和积极的生活方式，它将会使你活得诚实、简朴而有价值，最终得到你梦想的财富。

有些人收入不高，但花起钱来可真是愚蠢至极。他们会为了买只有富人才买得起的小古玩和衣服，把所有的钱都花光，但等到想做点事情时却身无分文。

有一个原本相当出色但如今却穷困潦倒的女人，她从小到大就不知道怎样衡量物品的价值。她要去市场上买许多食物，但她心里很清楚，自己没有可以穿得出去的衣服来遮蔽难堪。

但她只知道哀叹餐桌上没有丰富多样、美味可口的食物。和许多奢侈浪费、不计后果的人一样，这位家庭主妇如今从家庭的开支分配中得到了教训。

很多人没有考虑过这个问题：我们无时无刻不在花钱。许多不切实际的需要都让我们把钱往外掏，如果我们没有坚定的自制力，粗心大意，没有良好的判断能力，那么我们就会浪费金钱。

今天，在原本事业受挫的人中，在贫穷的家庭中，在接受慈善组织救济的群体中，有许多人已经相当独立了，他们懂得了明智消费的艺术。我们说"不恰当地花一分钱，就是浪费了一分钱"，那么，为什么不记住这句格言，从中获益呢？

第七章 学会"享受"工作

工作是生活的第一要义

　　无论世事如何变化，也要坚持这一信念。它就是，在充分考虑到自己的能力和外部条件的前提下，进行各种尝试，找到最适合自己做的工作，然后集中精力、全力以赴地做下去。

　　生活的准则可以用一个词表达：工作。工作是生活的第一要义；不工作，生命就会变得空虚，就会变得毫无意义，也不会有乐趣。

在古希腊，有一个人看到蜜蜂从一朵花飞到另一朵花，四处采集花粉，辛苦异常，顿生怜悯之心。他把各种花堆积在家中，把蜜蜂的翅膀剪掉，放在花上。结果，蜜蜂酿不出一点蜂蜜。飞上很远的距离，从远处收集花粉，然后酿出甘甜的蜜，这是自然的法则。

生活是什么？菲利浦斯·布鲁克斯这样回答：

"当一个人知道他要做什么，他就可以大声地说：'这就是生活！'"这并不是说，一个人必须工作到筋疲力尽，在工作中尝尽

119

了酸甜苦辣，才叹息道："这只是为了生活。"

即使是最卑微的职业，人们也能从自己的工作中体验到快乐与满足。在每个人的心灵里，都会不时受到悲伤、悔恨、迷惑、自卑、绝望等不良情绪的侵扰，如果此时能集中精力于工作上，这些让自己无法正常生活的负面影响就会被抛在一边。它们就像弹簧一样，当你用力挤压时，它们自然会弱下去。此时，人也真正成了坚强、自尊的人。在劳动中，幸福的荣光会从心底迸发，像火一样温暖着自己和周围的人。

"生活中有一条颠扑不破的真理，"英国哲学家约翰·密尔说，"不管是最伟大的道德家，还是最普通的老百姓，都要遵循这一准则，无论世事如何变化，也要坚持这一信念。它就是，在充分考虑到自己的能力和外部条件的前提下，进行各种尝试，找到最适合自己做的工作，然后集中精力、全力以赴地做下去。"

"重要的是参与，而不是赢得赛后的奖励。"

古希腊取得奥林匹克比赛胜利的运动员，会得到一个象征着荣耀的花环。其价值不在于花环本身，而是一种象征，让人的精神得到极大的满足。工作对于我们的价值也是如此。不管工作多么体面，或从中得到多少报酬，与从工作中得到的快乐相比，简直是微不足道的。积极参与到比赛中能够与戴上胜利的桂冠一样伟大。

爱默生说："只要你勤奋工作，就必有回报。"

"人们认为日常生活中应尽的职责是枯燥乏味的，"诗人朗费罗说，"但是它们非常重要，就像时钟的发条一样，可以让钟摆匀速地摆动，让指针指示正确的时间。当发条失去动力时，钟摆就会停止，指针也不再前进，时钟静静地躺在那里，不会有任何价值的。"

英国政治家布鲁厄姆勋爵说过，当他在晚上反思一天的工作时，如果一事无成，他就觉得非常难受，是在虚度时光。他认为，认真履行职责、努力工作是一个人的护身法宝，不但可以保持健康的心灵，而且可以强身健体。

许多医师常常散播这样的观念——过度工作会伤害人的身体，而休息则有益人体的健康。但是，也有不少医师持不同的看法。英国伯明翰大学医学院的阿诺德教授便认为，过多的休息其实对人体有害。他指出："至今尚没有什么证据可以证明工作会影响人体组织……辛劳的工作，只要不具有危险性，不影响睡眠或健康等……都不会伤害人体健康。相反地，对人大有帮助。"

是的，辛苦的工作不会是致命的，但是忧虑和高血压却会。跟传统看法相反，那些猝然倒地而亡、罹患各种溃疡症、行色匆匆、肩负重任的工商业主管，并不是因过度工作所致。他们每天的工作对精力的消耗算不了什么，但是伴随着工作一起到来的紧张的气氛和压力、痛苦的失眠、畏惧竞争的失败、无休止的焦虑，却形成恶性循环，疯狂地吞噬着他的生命力。

这样，他只好借助酒精、安眠药、苯丙胺和去高尔夫球场或手球场上疯狂地运动来逃避，但是身体和神经系统最后只能以死亡或精神崩溃来结束这种折磨。

现在，医院的病床有一半以上都被精神方面的病人所占据——远高于小儿麻痹症、癌症、心脏病和其他疾病病人的总和——这个可怕的事实表明，一定是哪儿出了问题，而出问题的原因绝不在于工作的辛苦与否。

科学上的进步使我们摆脱了我们的祖辈视为生活中必要的一部分的辛苦工作，即使技术含量很低的职业，其工作环境也有了改善，工薪阶层的工作时间缩短，机器取代了过去由人力或畜力完成的工作。我们的休闲时间比以前更多了。

所以，我们不能说是工作的辛苦导致我们身处痛苦的境地。

日常工作对一个人影响最大。可以使他肌肉发达、身体强壮、血液循环加快、思维敏捷、判断准确；也可以在工作中唤醒他那沉睡已久的创造力，激发他的雄心，把更多的聪明才智发挥到工作中去。正是工作，使他觉得自己是一个人，通过从事工作，承担责任，才能显示出人的尊严与伟大。

你可以让儿子继承万贯家财，但是你真正给了他什么呢？你不能把自己的意志、阅历、力量传给他；你不能把取得成就时的兴奋、成长的快乐和获取知识的骄傲感传给他；也不可能把经过苦心训练才得来的严谨作风、思维方法、诚实守信、决断能力、优雅风度等传给他。那些隐含在财富之中的技巧、洞察力和深思熟虑，他是感受不到的。那些优良品质对于你十分重要，但是对于你的继承人来说，没有一点用处。为了挣得巨额财富，保住自己高高在上的地位，你培养出了坚强的毅力和苦干的精神，这都是从实际生活中逐步锻炼和塑造出来的。对于你来说，财富就是阅历、快乐、成长、纪律和意志。而对于你的继承人来说，财富则意味着诱惑，可能会让他更焦虑、更卑微。财富可以帮助你取得更大的成功，但对于他来说，则可能是个大包袱；财富可以使你得到更大的力量，更积极进取，但却可能会使他松懈怠惰、好逸恶劳、萎靡不振，变得更加软弱、无知。总之，你把最宝贵的也是他最需要的上进心，从他那儿拿走了。而正是这种力量激励着人类取得了巨大的成绩，将来也还是如此。

迪恩·法拉说："工作是人类与生俱来的权利，至今仍保存完好，它是最有效的心灵滋补剂，是医治精神疾病的良药。这从自然界就可以得到体现。一潭死水会逐渐变臭，奔流的小溪会更加清澈。如果没有狂风暴雨，没有飓风海啸，地球上全部是陆地，空气静止不动，这样的世界就毫无生趣。在气候宜人、四季温暖如春的地方，人们十分惬意地享受着生活，自然容易无精打采，甚至对生活产生厌倦。但是，如果他每天要为自己的生计奔波，与大自然作殊死搏斗，他就会精神抖擞，经受各种锻炼，凝聚出最强的力量。"

"每天早晨起床后，"金斯利说，"不管你喜不喜欢，你都得有事做，强迫自己工作并尽最大努力做好，可以培养勤奋、自控力、意志力等美德。懒惰的人是没有这些优点可言的。"

千百年来，除了勤奋工作，还有什么能够给我们带来繁荣充实呢？它为贫穷的人开创了新的生活，它使千百万人免于夭折，特别是拯救了那些精神上有问题，甚至企图自杀的人。

古希腊著名的医生加龙说："劳动是天然的保健医生。"

美国小说家马修斯说："勤奋工作是我们心灵的修复剂，可以让生理和心理得到补偿。可惜的是，人们常常只对受人关注的行业和要职感兴趣，而不再愿意经受艰辛劳作的磨炼。但是，它却是对付愤懑、忧郁症、情绪低落、懒散的最好武器。有谁见过一个精力旺盛、生活充实的人会苦恼不堪、可怜巴巴呢？英勇无敌、对胜利充满渴望的士兵是不会在乎一个小伤的。出色的演说家不会因为身有小恙就口齿木讷，词不达意的。这是为什么呢？当你的精神专注于一点、心中只有自己的事业时，其他不良情绪就不会侵入进来。而空虚的人，其心灵是空荡荡的，四门大开，不满、忧伤、厌倦等负面情绪就会乘虚而入，侵占整个心灵，挥之不去。"

俾斯麦把勤奋工作看成是一个人拥有真正生活的保护神。在他去世的前几年，当被问及用一句简单的话概括生活的准则时，他说："这条准则可以用一个词表达——工作。工作是生活的第一要义；不工作，生命就会变得空虚，就会变得毫无意义，也不会有乐趣。没有人游手好闲却能感受到真正的快乐的。对于刚刚跨入生活门槛的年轻人来说，我的建议只有三个词：工作，工作，工作！"

"劳动永远是光荣与神圣的。"卡莱尔说，"劳动是一切完美的源泉。没有艰辛的劳动，没有谁能有所成就，或者能成为一个伟人。懒散、无聊、无事可做，就像传染病一样，会迅速蔓延，使人类的灵魂失去依托。"

有的人声称现代工业文明的突飞猛进已扼杀了工作本身的创造性，无非就是机械化的动作，不断重复一个动作而不必了解整个过程的工作有什么好得意的呢？他们说，当一个人痛苦不堪地在生产装配线上忙碌时，他足以自傲的成就感又从何而来呢？

契斯特顿有句十分动人的隽语："要想不再当秘书的最好办法，便是尽量把秘书的职务做好。"

有许多家庭主妇把每天的家务事当成是不可忍受的苦差事，如洗碗碟等。但是，有一名妇女却将此看作是有趣的经历。她的名字叫波西德·达尔。达尔女士是个职业作家，曾写过一本自传和许多著作，并且为杂志撰写文章。她曾失明多年，等到视力稍微恢复之后，根据她的说法，她把每日的家务杂事当成是有趣的事情来看，并为此衷心感谢上苍。她说："从我厨房的小窗户，我可以看见一小片蓝天，而透过洗碗槽上飞舞的肥皂泡沫，那五颜六色、彩虹般的美丽景观，更使我百看不厌。经过多年不见天日的黑暗生活，能在做家务的时候再重新体会这世界美丽的色彩，真使我衷心感激不尽。"

不幸的是，我们大部分人虽然都拥有健康的眼睛，却对周遭的环境视而不见。我们不但没有达尔女士所具有的成熟想象力，也不能从日常工作中捕捉到对我们最有意义的价值。

住在得州的丽达·强森女士，以她亲身的经历向我们说明：如何因勤奋工作而解除了精神上的危机。

1941年，强森先生和太太带着两个小孩搬到新墨西哥一处大农庄里。根据强森太太回忆："没想到，那个农庄其实是个大蛇坑，住了许多可怕的响尾蛇，我们实在吓坏了。"

"那时，我们的农舍还没有水电和瓦斯，但这些不便倒不令我担心，我日夜忧虑的，是那些可怕的响尾蛇。万一有一天家人被蛇咬了，该怎么办呢？我夜里经常梦见孩子遭到不幸，白天也一直担心在田里工作的丈夫。只要有片刻不见家人的踪影，我就紧张不已。

"这种持续的恐惧，使我的精神近乎崩溃。若不是我开始勤奋工作，相信早就支撑不住了。我把玉米粒刮下来播种，直到双手起茧；我为小孩缝制衣服，把多出来的食物装罐收藏好——我不停地工作，直到疲累地倒在床上为止。如此我便没有精力担忧其他的事了。

"一年之后，我们搬离那个农庄，全家大小都安然无恙，没有人被蛇咬过。虽然自此以后我不再那么辛劳工作，但我一直为那段时间的境遇感谢上帝。那一年，辛劳的工作确实拯救了我的理智。"

正如强森太太的亲身经历一样，我们若能从困境中体会到辛勤工作所能产生的力量，往后若再遭遇危机，便有坚利的武器可以自我防卫了。工作通常可以支持我们渡过难关、危机、个人不幸，或失去所爱的人的悲伤等。

爱德蒙·伯克说过："永远不要陷入绝望。但是如果你产生绝望情绪时，就去工作。"爱德蒙·伯克的话可不是空谈——他是有过亲身经历的。他痛失爱子，工作对他而言，就像对很多人一样，成为这个疯狂的世界上唯一清醒的标志。因此他不断地工作，即使在绝望之时。

是的，工作是生活第一要义。不管我们出于什么原因离开工作，都可能会受苦。

树立正确的工作态度

一个人的态度直接决定了他的行为，决定了他对待工作是尽心尽力还是敷衍了事，是安于现状还是积极进取。

态度就是你区别于其他人，使自己变得重要的一种能力。

每个人都有不同的职业轨迹，有的人成为公司里的核心员工，受到老板的器重；有的人一直碌碌无为，不被人所知晓；有些人牢骚满腹，总认为自己与众不同，而到头来仍一无是处……众所周知，除了少数天才，大多数人的禀赋相差无几。那么，是什么在造就我们、改变我们？是"态度"！态度是内心的一种潜在意志，是个人的能力、意愿、想法、价值观等在工作中的外在表现。

要看一个人做事的好坏，只要看他工作时的精神和态度就能判断。某人做事的时候，感到受了束缚，感到所做的工作劳碌辛苦没有任何趣味可言，那么他决不会做出伟大的成就。

在企业之中，我们可以看到形形色色的人。每个人都持有自己的工作态度。有的勤勉进取，有的悠闲自在，有的得过且过。工作态度决定工作成绩。我们不能保证你具有了某种态度就一定能成功，但是成功的人们都有着一些相同的态度。

企业中普遍存在着三种人。

第一种人：得过且过。

玛丽的口头禅是："那么拼命干什么？大家不是都拿着同样的薪水吗？"

玛丽从来都是按时上下班，按部就班，职责之外的事情一概不理，分外之事更不会主动去做。不求有功，但求无过。

一遇挫折，她最擅长的就是自我安慰："反正晋升是少数人的事，大多数人还不是像我一样原地踏步，这样有什么不好？"

第二种人：牢骚满腹。

史密斯永远悲观失望，他似乎总是在抱怨他人与环境，认为自己所有的不如意，都是由环境造成的。

他常常自我设限，使自己的无限潜能无法发挥。他其实也是一个有着优秀潜质的人，然而，却整天生活在负面情绪当中，完全享受不到工作的乐趣。

他总是牢骚满腹，这种消极情绪会不知不觉地传染给其他人。

第三种人：积极进取。

在企业里，人们经常可以看到桑迪忙碌的身影，他热情地和同事们打着招呼，精神抖擞，积极乐观，永争第一。

桑迪总是积极地寻求解决问题的办法，即使是在项目受到挫折的情况下也是如此。因此，他总能让希望之火重新点燃。

同事们都喜欢和他接触，他虽然整天忙忙碌碌，但却始终保持乐观的态度，时刻享受工作的乐趣。

一年后，玛丽仍然做着她的秘书工作，上司对她的评价始终不好不坏。一年一度的大学生应聘热潮又开始了，上司开始关注起相关的简历来，也许新鲜的血液很快就会补充进来，玛丽的处境似乎有些不妙。

人们已经很久没有见到史密斯，去年经济不景气，公司裁员，部门经理首先就想到了他。经济环境不好，公司更需要增加业绩、团结一致，史密斯却除了发牢骚，还是发牢骚。第一轮裁员刚刚开始，史密斯就接到了解聘信……

而桑迪还是那么积极进取，忙碌的身影依然随处可见，他已经从销售员的办公区搬走，这一年，他被提升为销售经理，新的挑战才刚刚开始。

在公司里，员工之间在竞争智慧与能力的同时，也在竞争态度。一个人的态度直接决定了他的行为，决定了他对待工作是尽心尽力还是敷衍了事，是安于现状还是积极进取。态度越积极，决心越大，对工作投入的心血也越多，从工作中所获得的回报也就更为理想。

玛丽、史密斯、桑迪三人，一个面临失业的危险，一个已经被解聘，一个得到晋升。出现这种情况并不是说，得到晋升的桑迪比史密斯、玛丽在智力上更突出，而是由不同的工作态度导致的。尤其是在一些技术含量不高的职位上，大多数人都可以胜任，能为自己的工作表现增加砝码的也就只有态度了。这时，态度就是你区别于其他人，使自己变得重要的一种能力。

如果一个人轻视他自己的工作，而且做得很粗陋，那么他绝不会尊敬自己。如果一个人认为他的工作辛苦、烦闷，那么他的工作绝不会做好，这一工作也无法发挥他内在的特长。在社会上，有许多人不尊重自己的工作，不把自己的工作看成创造事业的要素、发展人格的工具，而视为衣食住行的供给者，认为工作是生活的代价，是不可避免的劳碌，这是多么错误的观念啊！

人往往就是在克服困难的过程中，产生了勇气、坚毅和高尚的品格。常常抱怨工作的人，终其一生，绝不会有真正的成功。抱怨和推诿其实是懦弱的自白。

在任何情形之下，都不要允许你对自己的工作表示厌恶，厌恶自己的工作，这是最坏的事情。如果你为环境所迫，而做着一些乏味的工作，你也应当设法从这乏味的工作中找出乐趣来。要懂得，凡是应当做而又必须做的事情，总要找出事情的乐趣来，这是我们对于工作应抱的态度。有了这种态度，无论做什么工作，都能有很好的成效。

各行各业都有发展才能、提升地位的机会。在整个社会中，实在没有哪一个工作是可以藐视的。一个人的终身职业就是他亲手制成的雕像，是美丽还是丑恶，可爱还是可憎，都是由他一手造成的。而人的一举一动，无论是写一封信，出售一件货物，或是一句谈话、一个思想，都在说明雕像的或美或丑，或可爱或可憎。

不论做何事，务须竭尽全力，这种精神的有无可以决定一个人日后事业上的成功或失败。如果一个人领悟了通过全力工作来免除工作中的辛劳的秘诀，那么他也就掌握了达到成功的原理。倘若能处处以主动、努力的精神来工作，那么即便在最平庸的职业中，也能增加他的权威和财富。

当一个人喜爱他的工作时，你可以一眼看出来。他非常投入，他表现出来的自发性、创造性、专注和谨慎十分明显。而这在那些视工作为应付差事、乏味无聊的人那里，是根本看不见的。

即使是补鞋这么个低微的工作，也有人把它当作艺术来做，全身心地投入进去。不管是一个补丁还是换一个鞋底，他们都会一针一线地精心缝补。这样的补鞋匠你会觉得他就像一个真正的艺术家。但是，另外一些人则截然相反。随便打一个补丁，根本不管它的外观，好像自己只是在谋生，根本没有热情来关心自己活儿的质量。前一种人好像热爱这项工作，不总想着会从修鞋中赚多少钱，而是希望自己手艺更精，成为当地最好的补鞋匠。

有一位家住罗德岛的人，他殚精竭虑，砌了一堵石墙，就像一位大师要创作一幅杰作一样，其专注程度甚至有过之而无不及。他翻来覆去地审视着每一块石头，研究这块石头的特点，思考如何把它放在最佳的位置。砌好以后，站在附近，从不同的角度，细细打量，像一位伟大的雕刻家，欣赏着粗糙的大理石变成的精美塑像，其满足程度可想而知。他把自己的品格和热情都倾注到了每一块石头上。每年，到他的农庄参观的人络绎不绝，他也很乐意解说每一块石头的特点，以及自己是如何把它们的个性充分展现出来的。

你会问，砌一堵石墙有什么意义呢？这堵围墙已经存在了一个多世纪，这就是最好的回答。

伟大的事业因工作的热忱而获得成功

> 对任何事都热忱的人，做任何事都会成功。
> 有史以来，没有任何一件伟大的事业不是因为热忱而成功的。
> 对工作热忱，是一切成功的人必须具备的条件。

已故的佛里德利·威尔森曾是纽约中央铁路公司的总裁，有一次他在广播访问中，被问到如何才能使事业成功，他回答："我深切地认为，一个人的经验愈多，对事业就愈认真，这是一般人容易忽略的成功秘诀。成功者和失败者的聪明才智相差并不大，如果两者实力半斤八两的话，对工作较富热忱的人，一定比较容易成功。一个不具实力而富热忱，和一个虽具实力但不热忱的人相比，前者成功的概率也多半会胜过后者。

"一个热忱的人，不论是在挖土，或者是经营大公司，都会认为自己的工作是一项神圣的天职，并怀着深切的兴趣。对自己的工作热忱的人，不论工作有多么困难，或需要多么艰苦的训练，始终会用不急不躁的态度去进行。只要抱着这种态度，任何人都会成功，一定会达到目标。爱默生说过：'有史以来，没有任何一件伟大的事业不是因为热忱而成功的。'事实上，这不是一段单纯而美丽的话语，而是迈向成功之路的指标。"

因此，对工作热忱，是一切成功的人——像创造杰作的艺术家、卖肥皂的人、图书馆的管理员，以及追求家庭幸福的人——必须具备的条件。

"热忱"这个字眼，源自希腊语，意思是"受了神的启示"。

对工作热忱的人，具有无限的力量。威廉·费尔波是耶鲁最著名而且最受欢迎的教授之一。他在那本极富启示性的《工作的兴奋》中如此写道："对我来说，教书凌驾于一切技术或职业之上。如果有热忱这回事，这就是热忱了。我爱好教书，正如画家爱好绘画，歌手爱好歌唱，诗人爱好写诗一样。每天起床之前，我就兴奋地想着有关学生的事……人在一生中所以能够成功，最重要的因素就是对自己每天的工作抱着热忱的态度。"

任何一项事业的老板都知道雇用热忱者的重要，也知道这种人难以物色。亨利·福特说过："我喜欢具有热忱的人。他热忱，就会使顾客热忱起来，于是生意就做成了。"

"十分钱连锁商店"的创办人查尔斯·华尔渥兹也说过："只有对工作毫无热忱的人才会到处碰壁。"查尔斯·史考伯则说："对任何事都热忱的人，做任何事都会成功。"

如果没有热忱，那就几乎不可能保持你成为不可阻挡的人所需要的巨大能量和意志。实际上，没有了热忱，一个人就会将生活简化为存在、平庸和漠不关心。

怎样选择全在于你自己。你可以选择保持你的生命力，方法是想好你的目标，并努力从事点燃你热忱的活动。或者你也可以选择像我们生活中大多数的人一样，用忍受的心态在生活中艰难跋涉，错过了他们经历的大多数事情。这种人观察生活，但却没有体会到生活的乐趣。如果生活是一部交响乐，那么，他们只是听到了其中的音符，却感受不到整个乐曲的内涵；如果生活像一块稀世宝石，那么，他们只是看到了它的颜色，却无法看到那复杂的构造；如果生活像一部小说，那么，他们只理解其中的情节，却忽略了微妙的形象和寓意。

怀有热忱的人们极少用"工作"这个词来说明他们从事的事业。这种人是在追求他们最喜欢做的事和对个人受益匪浅的事，每个人的时间都是有限的。我们生活的每时每刻，不论是在工作、玩耍，还是在抱怨、感谢时，我们都已花费了时间。在我们的人生中，没有什么东西比剩余的时间更宝贵了。当我们在热忱鼓励下从事某项事业时，我们不仅仅是为了达到某个目标而努力，因为追求目标的过程和目标的实现同样使人受益。这样，当我们走到生命的尽头时，我们就能说一句"我热爱过我的生命"——这就是我们成功的最高概括。

热忱是一种意识状态，能够鼓舞及激励一个人对手中的工作采取行动。而且不仅如此，它还有感染力，不只对其他热心人士产生重大影响，所有和它有过接触的人也将受到影响。

当然，这是不能一概而论的。譬如，一个对音乐毫无才气的人，不论如何热忱和努力，都不可能变成一位音乐界的名人。话说回来，凡是具有必需的才气，有着可能实现的目标，并且具有极大热忱的人，做任何事都会有所收获，不论物质上或精神上都一样。

即使需要高度技术的专业工作，也需要这种热忱。爱德华·亚皮尔顿是一位伟大的物理学家，曾协助发明了雷达和无线电报，也获得了诺贝尔奖。《时代》杂志引用他的一句具有启发性的话："我认为，一个人若想在科学研究上有所成就的话，热忱的态度远比专门知识来得重要。"

这句话如果出自普通人之口，可能会被认为是外行话，但出自亚皮尔顿这种权威人士，意义就很深远了。如果在科学的研究上热忱都这么重要，那么对普通的职员来说，热忱岂不是占着更重要的地位吗？

关于这点，我们可以引用著名的人寿保险推销员法兰克·派特的一些话加以说明。他那本《我如何在推销上获得成功》的销售额，超过以往任何一本有关如何推销的书籍。

以下是派特在他的著作中所列出的一些经验之谈：

"当时是1907年，我刚转入职业棒球界不久，遭到有生以来最大的打击，因为我被开除了。我的动作不起劲，因此球队的经理有意要我走路。他对我说：'你这样慢吞吞的，好像是在球场混了20年。老实跟你说，法兰克，离开这里之后，无论你到哪里做任何事，若不提起精神来的话，你将永远不会有出路。'

"本来我的月薪是175美元，走路之后，我加入了亚特兰斯克球队，月薪减为25美元。薪水这么少，我做事当然没有热忱，但我决心努力试一试。待了大约10天之后，一位名叫丁尼·密亨的老队员把我介绍到新凡去。在新凡的第一天，我的一生有了一个重要的转变。

"因为在那个地方，没有人知道我过去的情形，我就决心变成新英格兰最具热忱的球员。为了实现这点，当然必须采取行动才行。

"我一上场，就好像全身带电。我强力地投出高速度的球，使接球的人双手都麻木了。记得有一次，我以猛烈的气势冲入三垒，那位三垒手吓呆了，球漏接，我就盗垒成功了。当天气温高达100华氏度，我在球场奔来跑去，极可能中暑而倒下去。

"这种热忱所带来的结果，真令人吃惊，产生了下面的三个作用：

"1. 我心中所有的恐惧都消失了，而发挥出意想不到的技能。

"2. 由于我的热忱，其他的队员也跟着热忱起来。

"3. 我没有中暑。我在比赛和比赛后，感到从没有如此健康过。

"第二天早晨，我读报的时候，兴奋得无与伦比。报上说：'那位新加进来的派特，无疑是一个霹雳球，全队的人受到他的影响，都充满了活力。他那一队不但赢了，而且让这场球赛变成本季最精彩的一场比赛。'

"由于我热忱的态度，我的月薪由25美元提高为185美元，多了7倍多。在往后的两年里，我一直担任三垒手。薪水增加了30倍。为什么呢？就是因为热忱，没有别的原因。"

但后来，派特的手臂受了伤，不得不放弃打棒球。接着他到菲特列人寿保险公司当拉保险的人，整整一年多都没有什么成绩，因此他很苦闷。但后来他又变得热忱起来，就像当年打棒球那样。

目前，他是人寿保险界的大红人，不但有人请他撰稿，还有人请他演讲自己的经验。他说："我从事推销已经 30 年了。我见到许多人，由于对工作抱着热忱的态度，使他们的收入成倍地增加起来。我也见到另一些人，由于缺乏热忱而走投无路。我深信唯有热忱的态度，才是成功推销的最重要的因素。

"多年来，我的写作大都在晚上进行。有一天晚上，当我正专注地敲打打字机时，偶尔从书房窗户望出去——我的住处正好在纽约市大都会高塔广场的对面——看到了似乎是怪异的月亮倒影，反射在大都会高塔上。那是一种银灰色的影子，是我从来没见过的。再仔细观察一遍，发现那是清晨太阳的倒影，而不是月亮的影子。原来已经天亮了。我工作了一整夜，但太专心于自己的工作，使得一夜仿佛只是一个小时，一眨眼就过去了。我又继续工作了一天一夜，除了中间停下来吃点清淡食物以外，未曾停下来休息。

"如果不是对手中工作充满热忱，而使身体获得了充沛的精力，我不可能连续工作一天两夜，而丝毫不觉得疲倦。热忱并不是一个空洞的名词，它是一种重要的力量，你可以予以利用，使自己获得好处。没有了它，你就像一个已经没有电的电池。"

热忱是股伟大的力量，你可以利用它来补充你身体的精力，并发展成为一种坚强的个性(有些人很幸运地天生即拥有热忱，其他人却必须通过努力才能获得)。发展热忱的过程十分简单。首先，从事你最喜欢的工作，或提供你最喜欢的服务。如果你因情况特殊，目前无法从事你最喜欢的工作，那么，你也可以选择另一项十分有效的方法，那就是把将来从事你最喜欢的这项工作当作是你明确的目标。

缺乏资金以及许多你无法当即予以克服的环境因素，可能迫使你从事你所不喜欢的工作，但没有人能够阻止你在脑海中决定你一生中明确的目标，也没有任何人能够阻止你将这个目标变成事实，更没有任何人能够阻止你把热忱注入你的计划。

所以，任何人只要具备这个"热忱"条件，都能获得成功，他的事业必会飞黄腾达。

乐队指挥鲍勃·克劳斯贝的儿子，曾被问到他父亲和他的叔叔平·克劳斯贝每天的生活情形。他回答："他们永远都在愉快地工作。"

"那你长大之后的希望是什么呢？"好奇的人又问他。

"也是愉快地工作。"年轻的克劳斯贝毫不迟疑地回答。

别让激情之火熄灭

如果你只把工作当作一件差事，或者只把目光停留在工作本身，那么即使是从事你最喜欢的工作，你依然无法持久地保持对工作的激情；但如果你把工作当作一项事业来看待，情况就会完全不同。

保持长久激情的秘诀，就是给自己不断树立新的目标，挖掘新鲜感。

让我们先来看看美国教育部前部长、著名教育家威廉·贝内特的一段叙述：

"一个明朗的下午，我走在第五大道上，忽然想起要买双短袜。于是，我走进了一家袜子店，一个不到 17 岁的少年店员向我迎来。

"您要什么，先生？"

"我想买双短袜。"

"您是否知道您来到的是世界上最好的袜子店？"他的眼睛闪着光芒，话语里含着激情，并迅速地从一个个货架上取出一只只盒子，把里面的袜子逐一展现在我的面前，让我赏鉴。

"等等，小伙子，我只买一双！"

"这我知道，"他说，"不过，我想让您看看这些袜子有多美，多漂亮，真是好看极了！"他脸上洋溢着庄严和神圣的喜悦。

我对他的兴趣远远超过了对袜子的兴趣。我诧异地望着他。"我的朋友，"我说，"如果你能一直保持这种热情，如果这热情不只是因为你感到新奇，或因为得到了一个新的工作。如果你能天天如此，把这种激情保持下去，我敢保证不到 10 年，你会成为全美国的袜子大王。"

只是，很多时候我们会遇到这样的情形：在商店，顾客需要静候店员的招呼。当某位店员终于"屈尊"注意到你时，他那种模样会使你感到在打扰他。他不是沉浸在沉思中，恼恨别人打断他的思考，就是在同一个女店员嬉笑聊天，让你感到不该打断如此亲昵的谈话，反而需要你向他道歉似的。无论对你，或是对他领了工资专门来出售的货物，他都毫无兴趣。

然而就是这个冷漠无情的店员，可能当初也是怀着希望和热情开始他的职业的。刚刚进入公司的员工，自觉工作经验缺乏，为了弥补不足，常常早来晚走，斗志昂扬，就算是忙得没时间吃午饭，也依然开心，因为工作有挑战性，感受当然是全新的。

这种在工作时激情四射的状态，几乎每个人在初入职场时都经历过。可是，这份激情来自对工作的新鲜感，以及对工作中不可预见问题的征服感，一旦新鲜感消失，工作驾轻就熟，激情也往往随之湮灭。一切开始平平淡淡，昔日充满创意的想法消失了，每天的工作只是应付完了即可。既厌倦又无奈，不知道自己的方向在哪里，也不清楚究竟怎样才能找回曾经让自己心跳的激情。他们在老板眼中也由前途无量的员工变成了比较称职的员工。

有时，压力也是人们失去工作激情的原因。职场人士承担着巨大的有形或者无形的压力，同事的竞争、工作方面的要求，以及一些日常生活的琐事，无时无刻不在禁锢着我们的心灵。于是在种种压力的禁锢之下，无精打采、垂头丧气和漠不关心扼杀了我们对事业的激情。从热爱工作到应付工作再到逃避工作，我们的职业生涯遭到了毁灭性的打击。

但是，如果你在周一早上和周五早上一样精神振奋；如果你和同事、朋友相处融洽；如果你对个人收入比较满意；如果你敬佩上司和理解公司的企业文化；如果你对公司的产品和服务引以为豪；如果你觉得工作比较稳定，只要对以上任何一个问题，你的回答中有一个"是"字，我就要告诉你："你'可以'恢复工作激情。"

美国著名激励大师博恩·崔西针对如何恢复工作激情，提过5点建议：

1. 对自己所做的事感兴趣。"告诉自己：对自己所从事的事喜欢的是什么，尽快越过你不喜欢的部分，转到你喜欢的部分，然后做得很兴奋。告诉旁人这件事，让他们了解为什么你会如此感兴趣。只要你做出对工作感兴趣的样子，你就会真的开始对它感兴趣。这样做的另一项好处是可以减少疲劳、压力与忧虑。"

千万不能失去热忱。我们每个人都应当有一些引以为荣的东西，对那些真正高贵的事物要保持一种景仰之情，对那些可以使我们的生活变得充实美丽的东西，永远不要失去热忱。

2. 把工作当作一项事业。如果你只把工作当作一件差事，或者只把目光停留在工作本身，那么即使是从事你最喜欢的工作，你依然无法持久地保持对工作的激情；但如果你把工作当作一项事业来看待，情况就会完全不同。

3. 树立新的目标。任何工作在本质上都是同样的，都存在着周而复始的重复。如果是因为这永无休止的重复，而对眼前的工作失去信心的话，那么我要告诉你的是，如果你的态度不转变，不主动给自己树立新目标，即使那是一份让你称心的工作，或是一个令所有人艳羡的工作环境，它一样会因为一成不变而变得枯燥乏味，你也不会从中获得快乐。

保持长久激情的秘诀，就是给自己不断树立新的目标，挖掘新鲜感。把曾经的梦想捡起来，找机会实现它。审视自己的工作，看看有哪些事情一直拖着没有处理，然后把它做完……在你解决了一个又一个的问题之后，自然就产生了一些小小的成就感，这种新鲜的感觉就是让激情每天都陪伴自己的最佳良药。

4. 学会释放压力。工作不是野餐会，一个人无论多么喜欢自己的工作，工作多多少少都会给他带来压力。面对压力，有些人一味忍受，有些人只顾宣泄。忍受会导致死气沉沉，宣泄则会带来无尽的唠叨。人们应该学会管理压力并科学地释放压力，减轻对工作的恐惧感，心情轻松才容易重燃激情。

5. 切勿自满。在工作中，最需要注意的是自满情绪。自满的人不想方设法前进，就会对工作丧失激情。如果你满足于已经取得的工作成绩，忽略了开创未来的重要性，那么现在这个阶段的工作自然会丧失其吸引力。当你把过去的成绩当作激励自己更上一层楼的动力，试图超越以往的表现，激情就会重新燃烧起来。

工作给予你的报酬要比薪水更宝贵

通过工作中的耳濡目染获得大量的知识和经验，将是工作给予你的最有价值的报酬。

一个人如果总是为自己到底能拿多少薪水而大伤脑筋的话，他又怎么能看到薪水背后的成长机会呢？

也许是目睹或者耳闻父辈、他人被老板无情解雇的事实，现在的年轻人往往将社会看得比上一代更冷酷、更严峻，因而也就更加现实。在他们看来，我为公司干活，公司付我一份薪水，等价交换，仅此而已。他们看不到薪水以外的价值，在校园中曾经编织的美丽梦想也逐渐破灭了。没有了信心，没有了热情，工作时总是采取一种应付的态度，宁愿少说一句话，少写一页报告，少走一段路，少干一个小时的活……他们只想对得起自己目前的薪水，从未想过是否对得起自己将来的薪水，甚至是将来的前途。

某公司有一位员工，在公司已经工作了 10 年，薪水却不见涨。有一天，他终于忍不住内心的不平，当面向雇主诉苦。雇主说："你虽然在公司待了 10 年，但你的工作经验却不到 1 年，能力也只是新手的水平。"

这名可怜的员工在他最宝贵的 10 年青春中，除了得到 10 年的新员工工资外，其他一无所获。

也许，这个雇主对这名员工的判断有失准确和公正，但我相信，在当今这个日益开放的年代，这名员工能够忍受 10 年的低薪和持续的内心郁闷而没有跳槽到其他公司，足以说明他的能力的确没有得到更多公司的认可。或者换句话说，他的现任雇主对他的评价基本上是客观的。

这就是只为薪水而工作的结果！

大多数人因为不满足于自己目前的薪水，而将比薪水更重要的东西也丢弃了，到头来连本应得到的薪水都没有得到。这就是只为薪水而工作的可悲之处。

如果要让我对于刚跨入社会的青年所遇到的切身问题发表意见，那么我希望每个青年都切记："在你们开始工作的时候，不必太顾虑薪水的多少，而一定要注意工作本身所给予你们的报酬，比如发展你们的技能，增加你们的经验，使你们的人格为人所尊敬，等等。"

雇主交付给年轻人的工作可以发展我们的才能，所以，工作本身就是我们人格品性的有效训练工具，而企业就是我们生活中的学校。有益的工作能够使人丰富思想，增进智慧。

如果一个人只是为薪水而工作，而没有更高尚的目的，那么这实在不是一种好的选择。在这个过程中，受害最深的倒不是别人，而是他自己。他就是在日常的工作中欺骗了自己，而这种因欺骗蒙受的损失，即便他日后奋起直追，振作努力，也不能赶上。

雇主只支付给你微薄的薪水，你固然可以敷衍塞责来加以报复。可是你应当明白，雇主支付给你工作的报酬固然是金钱，但你在工作中给予自己的报酬，乃是珍贵的经验、优良的训练、才能的表现和品格的建立，这些东西的价值与金钱相比，要高出千万倍。

许多年轻人认为他们目前所得的薪水太微薄了，所以竟然连比薪水更重要的东西也放弃了。他们故意躲避工作，在工作过程中敷衍了事，以报复他们的雇主。

这样，他们就埋没了自己的才能，消灭了自己的创造力和发明才能，也就使自己可能成为领袖的一切特性都无法获得发展。为了表示对微薄薪水的不满，固然可以敷衍了事地工作，但长期地这样做，无异于使自己的生命枯萎，使自己的希望断送，终其一生，只能做一个庸庸碌碌、心胸狭隘的懦夫。

每个人对于自己的职位都应该这样想：我投身于企业界是为了自己，我也是为了自己而工作。固然，薪水要尽力地多挣些，但那只是个小问题，最重要的是由此获得踏进社会的机会，也获得了在社会阶梯上不断晋升的机会。通过工作中的耳濡目染获得大量的知识和经验，使自己的能力得以提升，将是工作给予你的最有价值的报酬。

能力比金钱重要万倍，因为它不会遗失也不会被偷。许多成功人士的一生跌宕起伏，有攀上顶峰的兴奋，也有坠落谷底的失意，但最终能重返事业的巅峰，俯瞰人生。原因何在？是因为有一种东西永远伴随着他们，那就是能力。他们所拥有的能力，无论是创造能力、决策能力还是敏锐的洞察力，绝非一开始就拥有，也不是一蹴而就，而是在长期工作中积累和学习得到的。

你的雇主可以控制你的工资，可是他却无法遮住你的眼睛，捂上你的耳朵，阻止你去思考、去学习。换句话说，他无法阻止你为将来所做的努力，也无法剥夺你因此而得到的回报。

许多员工总是在为自己的懒惰和无知寻找理由。有的说雇主对他们的能力和成果视而不见，有的说雇主太吝啬，付出再多也得不到相应的回报……

一个人如果总是为自己到底能拿多少薪水而大伤脑筋的话，他又怎么能看到薪水背后的成长机会呢？他又怎么能体会到从工作中获得的技能和经验，对自己的未来将会产生多么大的影响呢？这样的人只会逐渐将自己困在装着薪水的信封里，永远也不会懂得自己真正需要什么。

总之，不论你的雇主有多吝啬、多苛刻，你都不能以此为由放弃努力。因为，我们不仅是为了目前的薪水而工作的，我们还要为将来的薪水而工作，为自己的未来而工作。一句话，薪水是什么？薪水仅仅是我们工作回报的一部分。

世界上大多数人都在为薪水而工作，如果你能为自己的成长而工作，你就超越了芸芸众生，也就迈出了成功的第一步。

从前在一个山村里，住着一位卑微的马夫，后来这位马夫竟然成了美国最著名的企业家之一，他靠着惊人的魄力和独到的思想撑起了事业的大厦，他一生的成就为世人所景仰。他就是查尔斯·齐瓦勃先生。

年轻的朋友们很关心齐瓦勃先生的成功，那么为什么他会获得成功呢？齐瓦勃先生的成功秘诀是：每谋得一个职位，他从不把薪水的多少视为重要的因素，他最关心的是新的位置和过去的职位相比较，是否前途和希望更为远大。

最初在一家工厂里做工时，他就自言自语：

"终有一天我要做到本厂的经理。我一定要努力做出成绩来给老板看，使老板主动提拔我。我不会计较薪水的高低，我只要记住：要拼命工作，要使自己工作所产生的价值，远超过我所得的薪水。"他下定决心后，便以十分乐观的态度，心情愉快地努力工作。在当时，恐怕谁也不会想到齐瓦勃先生会有今日巨大的成就。

童年时代的齐瓦勃家境异常艰苦，家中一贫如洗，所以，他只受过很短时间的学校教育。齐瓦勃从 15 岁开始，就在宾夕法尼亚的一个山村里做马夫。两年之后，他又获得了另外一个工作机会，周薪为 2.5 美元。但他仍然无时无刻不在留心其他的工作机会，果然他又遇到一个新的机会，他应某位工程师之邀，去钢铁公司的一个建筑工场工作，工资由原来的周薪 2.5 美元变为日薪 1 美元。做了一段时间后，他就又升任技师，接着一步一步升到了总工程师的职位上。到了齐瓦勃 25 岁时，他晋升到房屋建筑公司的经理了。5 年之后，齐瓦勃开始出任钢铁公司总经理。到 39 岁时，齐瓦勃接过了全美钢铁公司的权柄，出任总经理。如今，他已是贝兹里罕钢铁公司的总经理了。

齐瓦勃只要获得一个岗位，就决心要做所有同事中最优秀的人。他决不会像某些人那样脱离现实胡思乱想。有些人经常会不守公司的纪律，常常抱怨公司的待遇，甚至宁愿在街头流浪，静待所谓的良机，也不愿刻苦努力。齐瓦勃深知，只要一个人有决心，肯努力，不畏难，必定可以成为成功者。在今天的年轻人看来，齐瓦勃先生一生的奋斗与成功故事，简直是一个情节曲折的传奇，但更是一个对人教益最大的典范。从他一生的成功史中，我们可以看到努力劳动所具有的非凡价值。干任何事情，他都能做到非常乐观而愉快，同时在业务上求得尽善尽美、精益求精。所以，在他与同事们一起工作时，那些有难度、要求高的事情，都得请他来处理。齐瓦勃先生做事的态度是一步一个脚印，他从不妄想一步登天、一鸣惊人，所以，他地位的上升也是大势所趋的。

从工作中获得快乐

只有在工作时专心投入，而且能够从工作中获得快乐的人，才能在游乐时感到喜悦。

最理想的状况当然是从工作及休闲二者中获取快乐，也只有二者兼得，我们才能达到快乐的最高潮。

许多著名的科学家、小说家、电影明星及其他有名的人物都曾描述工作时所得到的极大快乐与满足，只因为这项工作是他们真心想做的。这可能是促成他们成功的原因。

有一些终生不得志的人则把大部分时间用于玩乐之上，致使二者的成就差异巨大，可见调整和分配工作与休闲时间的重要性。

马斯洛曾经认为，"自我实现"的人喜欢并去做必须做的事，也就是想办法将工作变成游戏般轻松与自由，但是对一般人而言这是一件非常不容易做到的事。

许多人都有一些限制自己时间、行动与想法的工作，这工作也就是不快乐的根源。事实上，最近密歇根及哈佛两所大学的研究者发现，大部分的美国人都有换工作的念头，而美国政府则在近些年花费4000万美元去开发不使工作厌烦的技巧。

对许多人来说，快乐绝大部分出现于不工作的时候，例如晚间、周末及假期当中。

你该如何去除因工作而产生的不快乐呢？你又如何找到更多的快乐时光呢？

有一个很好的方式就是培养自己足够的知识、勇气及内力去做适合你的工作。当最著名的压力研究专家亚莉耶博士在一次接受"美利坚新闻及寰宇报道"的访问时被问道:"人们如何应付压力呢？"他回答:"诀窍不在于如何避免压力，而在于'做你自己的事'，这就是我一直所强调的：做你喜欢做的事，但也别忘了做那些你该做的事。"

另外他还提道:"药物治疗也能发挥效用，例如现在已有一些能有效治疗高血压的药。但是我想对大多数人而言，最重要的莫过于学习如何生活，在各种不同的场合中如何表现适当举止以及如何做最明智的决定。'我到底是想要接管父亲的事业，还是成为音乐家？'如果你真的向往音乐家，那就朝这方面去做。"

许多人选择职业时只怀着赚钱、争取高职位或升迁的目的，结果往往无法从事真正有兴趣的工作。例如有位社会工作人员，过去经常到各地区与民众会谈，教他们学习面对及解决问题的技巧，如今却因为其他原因而停止这项工作。现在他虽然跃升为一个著名社会辅导站的主管，但同时放弃了他喜爱的兴趣——终日待在办公室里。又如一位艺术大师被聘为世界上著名、有权威的博物馆馆长之后，他必须将绝大部分时间用于烦琐的行政工作上，而不得不放弃钻研艺术的雅趣。

如果你问一些人在不考虑金钱因素及其他顾虑的情况下，他们真正想从事的工作是什么？往往你都会得到非常意想不到的答案。有一家广告公司的企划部主任曾说，他愿成为一家自然博物馆的制标本的技术人员。有一家出版社的董事长说他想成为餐厅的领班。另有位公共关系部门的主管回忆起她一生中从事的最愉快职位就是接待员，因为她每天必须与许多不同的人接触，这使她获得很多乐趣，而且这种工作也不会耗用她太多的私人时间及精力，毕竟拥有自己的时间是很重要的。此外，一位银行的副总裁将业余的时间大部分花费于研究制造各种锁，他还打趣地说，如果他不介意失去银行那份高高在上的职位，从事锁匠应该也可以维持温饱。

娱乐是一件非常重要的事。如何寻找到适合自己的娱乐，则是一件非常快乐的事。但是，切莫去随便模仿别人。你最好能够先自问，什么是真正能使自己感到快乐的事情。在我们周围经常会发现，许多人什么事都要掺和掺和，还整天忙忙碌碌，这样的人是享受不到任何快乐的。只有在工作时专心投入，而且能够从工作中获得快乐的人，才能在游乐时感到喜悦。

如果以此作为衡量的标准的话，古代雅典的将军阿尔基比亚地斯应该可以算是最合格的了。尽管他在言行举止上都可以称得上是一个放荡的人，但是在思想上和工作上，他却极其投入，并取得了令世人羡慕的成就。

恺撒大帝也是一位能够将心思均等地分配在工作和游戏上的人。在罗马人的心目中，恺撒原本是一位行为不轨的人，但是事实上他是一位非常优秀的学者，他具有一流的辩才，而且拥有统驭他人的实力。

只懂得如何游乐的人生不仅毫不令人感动，而且一点也不有趣。一个每天认真工作的人，他在娱乐时才会由衷地感到快乐。整天好吃懒做的人、喝酒喝得醉醺醺的人、沉迷于酒色之中的人，一定无法从工作中获得真正的快乐，这样的人每天只是在过着行尸走肉的日子。

精神生活层次低的人，大多只追求低级的享乐，他们也只能热衷于那些毫无品位的娱乐。与这类人相对的是那些精神生活层次高的人，他们则善于结交一些品性和道德良好的朋友，追求的娱乐也是适当的，它们既没有危险性，又不失品位。具有良知的人都十分明了，娱乐是不可以被当作目的的，它只不过是一种让人放松心情、给人安慰的方法而已。

为了使你步入高尚人的行列，你不妨实践一下我称之为"早上比夜晚聪明"的体验。

在工作和游戏的时间安排上，最好能够有一个明确的划分。读书、工作，或者是要同有知识的人及名流之士促膝交谈，这些事情最好排在早上比较恰当。吃过晚饭之后，就应该尽量让自己放松心情，除非是发生了什么紧急的情况，否则不要占用它，最好利用这段时间轻松地做自己所喜欢的事情。例如，和几个志同道合的朋友打打牌，或者和几个有节制的朋友玩玩愉快的游戏，即使有失误，也不会因此而吵架。也可以去看演出，或去看一场比赛，或者找几位好朋友一起吃饭、聊聊天，尽你所能地度过一个能够令你满足的夜晚。

如果你的工作让你做起来感到没意思或不快乐，当然按照常理，最好是换个工作。但事实上，并不是每个人都能随心所欲地换工作，有些人甚至换工作后变得更不快乐。就像有一位想换工作却一直碰壁的人——因为已 50 岁，别家公司不雇用他；或是一位离了婚的妇女无法搬离本地另找新工作，因为她必须住得离母亲家近些，以便每天下班后到母亲家去看孩子；或是一位在居住地拥有本区唯一的建筑公司的人，因为那儿是他发迹的地方，同时他也不愿离开朋友和亲戚搬到陌生的地方。

就算你非常不喜欢目前从事的工作，但也不要轻言放弃。有些技巧可以使工作愉快些，你不妨想想由于从事此项工作所赚得的钱使你能享受购物的乐趣，你可以开始培养新的嗜好，这个嗜好使你除了工作外另有新的目标，你应该尝试在工作中建立起具体的目标,目标是使工作愉快的万灵丹。

有许多拿高薪的权威之士有时会感觉沮丧,就是因为他们没有目标,甚至有些人还不知道是为何而沮丧。

哈佛大学科技、工作及心理计划部的主任马柯毕谈到某些公司里的高级主管时,称他们为"游戏型人物"。他解释,所谓"游戏型人物"就是在工作或娱乐冒险活动上以击败对手为最大享受,但是这类人没有长远目标。他描述此"游戏型的人物",漫无目的地跑完了人生旅程,到头仍是茫然。他叹息道:"我倒宁愿做些真正能使我感到高兴的事。"

所谓最有意义的目标就是能带给我们最大快乐的目标。如果工作的目的只是赚钱或击败对手,那成功所带来的快感将不会持续很长时间。就如同马柯毕提到的"游戏型人物",他说:"一些又老又疲倦的'游戏型人物',在输去几场比赛、失去信心之后,他们剩下的只是一张痛苦扭曲的脸孔而已。一旦失去了青春、精力,甚至荣耀,他们变得绝望、茫然,不禁自问活着的意义为何?"马柯毕主张"游戏型人物"如要避免被老化与颓废打败,就必须除了一心一意获取胜利之外,该想想生命中是否有其他值得追求的目标?

最理想的状况当然是能从工作及休闲二者中获取快乐,也只有二者兼得,我们才能达到快乐的最高潮。

人们经常梦想将工作放在一边,好好地放纵一下,但一旦他们这样做了,反而得到失望的结果。

例如,有许多人退休后都感到不习惯并且很不快乐,他们仍急于找到一份工作来打发寂寞。有些佛罗里达的酒店每年出售超过200万元的酒给退休后因无聊而以酒解愁的老人。

有一个人退休之后搬到佛罗里达,但他觉得在那儿很无聊、不快乐。最后他搬回纽约，每天中午吃饭时间他就回到过去工作的工厂找老同事聊天。他也经常在上下班时间到工厂看看老朋友。

有一位狂热的业余水手辞掉了工作，成为职业的水手，但他却失望了：他所梦想的日子是夏日的周末，但他很快地发觉每天航海并无乐趣可言，不像以前只能利用周末上船那般有意思。当他只能在周末航海时，航海的新奇感从未停止，一旦它成了连续性的动作就不再那么刺激、有趣了。所以每个人都必须学习从工作进入娱乐，再从娱乐返回工作，因为工作和娱乐两种不同感受的对照，能使你清新并协调享受二者。

65 岁不退休

工作是对生活和健康最有用的东西。

如果你认为幸福就是获得无止境的悠闲，如果你希望退休后可以一直躺在摇椅上，那么你只是进入了愚人的天堂。要知道懒惰是人类最大的敌人，它只会制造悲哀、早衰和死亡。

工作是一个对延迟年老造成影响的因素。

马克·H.赫林德和史坦利·A.弗兰克医生在《健康世界》上介绍过一位住在堪萨斯市的 81 岁的女人，说她将一张摇椅退还给她女儿，并附言："我太忙了，没有时间坐摇椅。"

这位母亲懂得了要成熟不要变老的方法。她知道工作才是对生活和健康最有用的东西。

如果你认为幸福就是获得无止境的悠闲，如果你希望退休后可以一直躺在摇椅上，那么你只是进入了愚人的天堂。要知道懒惰是人类最大的敌人，它只会制造悲哀、早衰和死亡。

适量的工作，只要不是过度紧张的工作，就不会对人造成伤害，但过分的安逸却会。

可见工作是一个对延迟年老造成影响的因素。德国脑科研究机构的欧·弗格特博士，在不久前的一次国际老年问题研讨会上提出：脑细胞的剧烈运动可延迟老化的进程。过度工作，不仅不会伤害神经细胞，反而可以延迟其向年老转化。弗格特博士公布了他对正常人脑神经细胞所做的显微研究结果，重点观察其随年龄而产生变化的情况。分别在 90 岁和 100 岁时去世的两个女人的非常活跃的脑中，发现她们的脑神经细胞老化的情况都相应地延迟。

弗格特博士说："我们通过对研究对象的观察，找不到因过度工作而加速神经细胞老化的证据。"

退休的人早死——听起来真实得令人感到悲哀，从活跃、忙碌、有益的活动状态中转入整天虚掷光阴或漫无目的地排遣时日的薄暮世界，破坏了我们的生命力，降低了承受力，以致早死。在退休后仍然保持快乐的人，都是那些把退休当作只是换个工作的人。

下面是汤玛士·克林先生的研究。他是芝加哥《每日新闻》的专栏编辑，也是《黄金年华》一书的作者。克林先生认为，强制退休的规定"十分残忍"，以下是他的观点：

"7 年来，我访谈了无数年届或刚逾 65 岁的工作者。根据我的观察，强制退休的规定十分残忍，假如同样的情形发生在狗或马的身上，相信它们必定无法忍受。至少，马在告老退休之后，还能随时奔跑到草原之上，嚼食青草，而狗也是被喂养到老死为止。

"但是，人的生存并不只是为了生计问题，如果这样的话，同时也伤害了这些人对自己能力的信心，更伤害了他们精神上的尊严。

"对人来说，因年老而变得无用是极为恐怖的现实，连天使都无能为力。人被剥夺了工作权、收入甚至自尊，只因他已年届65岁——这不是极其残酷的吗？"

那么，为什么人们不起来反对这样无理的规定呢？根据一项调查，有90%的工作者表示，不愿在65岁的时候被强迫退休。在某些大工厂里面，此百分比更高达95%。

从来没有任何心理学或生理学上的理论，说明人在这个年龄会失去工作能力。衰弱或无能，可发生在任何年纪。而对不同的人来说，发生的时间也可能各不相同。假如我们不常常使用双手，双手便不会那么灵巧。假如我们不常常使用大脑，大脑也会很快衰退。当然，每个人都必须在某个时期停止工作，却绝不是非要在65岁时。

我们若把工作当成是谋生工具，必须等到退休或死亡才能告一段落，则无疑剥夺了生为人类所能拥有的最大满足感。工作本身是件极好的事，除了有益健康，更能影响一个人的气质。因此，工作在我们的生命之中是个极其高贵的成分。

所有的工作都具有服务性质。无论是烹饪、刷地板、装配零件，或者是练习一个舞步，它的主要目的是要使生活更美好、更舒适、更快乐。因此，工作本身极富创意性。假如我们想从工作中获得快乐或好处，都得重视这个富有创意性的目的。

英国著名的电影制作人蓝克先生说过："许多人常常忘记'为什么'会有某个行业存在的理由。一个制造座椅的工厂，不仅是生产座椅和获取利润，其主要任务是要制造出人人喜欢坐的椅子来。假如从事此行业的人忘了自己工作的任务或目的，总有一天会发现——别人不但把他制造的椅子拿出去扔掉，连他想要的利润，也都不翼而飞了。"

是的，工作是生命之律。假如我们被剥夺了工作权，无论理由如何，我们都会感到十分痛苦。许多治疗机构都采用工作治疗法，如：精神病院、监狱、疗养院，及其他被隔离起来的地方。一般人认为："人一旦退休，便开始步向死亡。"话虽残酷，却是事实。人一旦从各种活动中退休，由忙碌有意义的生活而变成无目标的"纯消遣"生活，便会使原有的旺盛精力熄灭，因而降低了身体的抵抗力，迅速步入死亡。假如你想在退休后仍能快乐生活，最好是用别的工作来取代原有的忙碌生活。

规定人必须在年届 65 岁的时候退休，这种过时的观念是四轮马车时代的残遗，是任何进步国家都应引以为耻的做法。规定 65 岁必须退休，这是在 1870 年首先由"铁路工作人员退休系统"采用；接着，1937 年由"社会安全系统"采用。由于 1900 年之后，人类的寿命已逐渐增加了 20 岁，所以，65 岁的退休年龄现已显得不太合理。无论是男是女，许多 65 岁的人精力还都十分旺盛，根本还不需要坐安乐椅或准备走向殡仪馆。

政府为什么从来不向这些极力主张废除这种退休制度的人——一群 65 岁的工作者征询意见呢？很明显的一个事实是，几乎所有正在工作着的人都不愿到 65 岁时就被强迫退休！

鉴于工商业界对于雇用老年人所持的态度，令人感到欣慰的是，他们有很多人都到外面为自己找份工作。茱丽艾达·K. 亚瑟是一位社会福利方面的权威人士，根据她的调查显示："1950 年的普查报告有一个最值得注意的就业事实，那就是有几十万超过 75

岁的老人仍在继续工作，他们之中很多都属于没有雇主的自由职业者。"

1954年，某保险公司公布了一项报告：65～69岁的男人有五分之三就业；70～74岁的男人也有五分之二就业；75岁以上的男人仍有五分之一在工作。他们大多从事的是自由职业。这些数字再一次有力地证明了这样一个事实——工作的能力并不在65岁生日时突然丧失。

只要有能力，大多数的人仍然想继续工作，而不愿因为某个养老金计划制定者说他们应该退休就退休。越来越多的工作者对不公平的强迫退休制度的抗议，已经收到一些良好的效果，一些公司延长了退休年龄年限或使它较具弹性。可惜的是，这样的公司还是很少。还要多久，人的工作权利才能不再因为年龄的增高，不再不顾他的需要、能力和意愿而被无情地剥夺呢？

在不久前于纽约州举行的一次老年问题研究会中，当场宣读了一份由杰出的老政治家伯纳德·M.巴鲁克拍给大会的电报。在电文中，巴鲁克先生强烈呼吁废除强迫退休的制度，他说这种制度"对那些虽然年龄很大，但仍然愿意而且有能力继续工作的人来说不是恩惠，是否应该退休不应从年龄，而应从能力的角度来考虑"。巴鲁克先生说："年纪越大的人越是已经获得了无法取代的丰富经验资产的人。"

已经83岁还在担任密歇根州老年问题研究委员会委员的亨利·S.柯特斯博士是美国在这方面的权威人士，他的话直指对老年人就业的不公平歧视："强迫退休是存在于工商业界的一项严重的失误，因为它使许多最佳的人才闲置浪费，而且也使受雇者晚年时期想要做好工作的热情受挫。无论对有能力而且愿意继续工作的人，还是对纳税的大众，都是一个严重的错误。工作的权利是一项基本的人权，65 岁退休制度的存在是一项基本的人类错误。"

说得精彩，柯特斯博士！愿策划者和官僚们能来听听反对"强迫退休法案"的睿智而强烈的呼声。"65 岁退休的制度规定，"柯特斯博士又说，"是独断的、专横的，不管从生理学还是从心理学上来讲，都没有什么理论能证明一个人的工作能力会在 65 岁时突然失去。任何年龄都可能变得软弱，这因人而异。如果我们停止动手工作，双手很快就会失去它的灵敏；如果我们停止用脑思考，大脑就会很快衰老。每一个工作者都应该自己选择放弃工作的时间，在他自认不能胜任他的工作的时候。"

工作是年轻人所无法想象的成熟的快乐。不管是体力工作还是脑力工作，都是自然赋予我们的可以不断成长而不变老的最神奇的一种力量。想要避免随变老而来的危险，最好能像本章开始那个 81 岁的女人那样，退掉摇椅，忙碌起来！

第八章　踏上轻松快乐之旅

顺应生命的节奏

　　当我们处于休息和平静的状态时，我们的行为和感
觉就不会杂乱无章地发生，而呈现一种和谐的流动。
　　你必须了解你生命中的波涛和节奏，并顺着生命的
节奏表现你的爱，以期能和大自然和谐共处。

　　当我们紧张时，身体和情绪上通常会有耗尽的感觉：嘴巴会
觉得干，身体会觉得衰弱，而且神经如我们所说是绷紧的。只有
当我们放松和表达情绪之后，才能得到一个比较平顺的状态。有
时候我们甚至会被眼泪淹没，或溶于欲望当中，这些代表流动状
态的隐喻并不是绝对的，它们和我们的身心状态（和水）有密切
的关系。当我们处于休息和平静的状态时，我们的行为和感觉就
不会杂乱无章地发生，而呈现一种和谐的流动。无止息的水舞
（生命的普遍象征）可以被视为是健康快乐的状态。
　　古代瑜伽文献建议人们可以在靠近瀑布、河流和湖边做静心
冥想。荣格有许多对湖的描述："那湖向远方一直延伸出去，那广
博的水面给我一种令人难以置信的愉悦，令人无法抗拒的光彩。

在这一刻我在心中有了一个想法，我一定要住在湖边。我想如果没有水就没有人可以活下去。"我们从洗澡、游泳、海洋景观所得到的快乐证明了我们和水有着深厚的关系，或许这呼唤起我们在母亲子宫羊水中的状态，或者也和潜意识自己有如海洋般深不可测的意象有关吧。

这样的想法指出水在放松中的特殊价值，经由感官，或以下提供的练习可以更直接地体验到。我们也应该考虑到其他的因素，像空气虽有较多限制，但是也可以被想象成和飞行及云联系在一起，风或微风可以被用来作为感官练习的基础。

在一个安静的房间里舒适地躺下来，举起你的手臂，甩甩手，然后让手臂自然地在身体两侧垂下来。闭上眼睛，想象着你正躺在海边一个空旷的沙滩上。

潮水正涌过来，小小浪花轻拍着你的脚和脚踝，慢慢地移动着你的身体让它浸在浅水里。

当海水继续上升时，让自己感觉漂浮起来，并被有节奏的海潮带人海里。

感觉缓缓起伏的海浪在你下面汹涌，你随着海潮的起伏而滑动。

让你的身体正面朝上，想象着你正在一个浪头上，当浪潮下降，你在明亮的海水隧道中翻滚着。

现在你被浪冲回到岸边，躺在舒服温暖的沙滩上。不要动，此刻享受一下在自由和兴奋交替之后的宁静吧。

当你看到海洋的波涛、季节的变换和月亮的盈亏时，便看到了自然的节奏。人的生命也同样有一定的节奏：从出生，经过儿童期、青少年期到完全成熟、年老，最后又有新的一代诞生。光、能源和任何事物都有一定的波动起伏，这种起伏使它们偏离节奏，或者像中子一样永远围绕着原子核运动。

生命中的任何事物都不会绝对静止，运动是持续不断而且有一定节奏的。这就是为什么我们喜欢音乐的原因，因为音乐反映出我们的生命节奏，你必须学会随着生命的节奏摇摆，而不是站在那里不动和它对抗。沙岸随着波涛运动和变化而能够永远存在，但防护堤很快就会被冲垮。

注意观察你的生命，它有一定的节奏吗？你在工作之后会娱乐吗？在劳心之后会从事劳力活动吗？饮食之后会禁食吗？严肃之后会表现幽默吗？当你的意识处于休息状态时，就是你的潜意识发挥最大作用的时候了，当你的潜意识承担任务，而且你的意识被其他事物（即放轻松）占据的时候，就是出现真正鼓舞作用的时候了。

当阿基米德在努力寻求解决两个物体相对重量的复杂问题时，始终得不到解答，但当他决定放松自己并泡一下澡时，他的潜意识便被浴盆中的热水激发出来。他立刻从浴盆中跳出来，并且大声叫着现在一个很有名的欢呼词：我找到了！同时也找到了问题的答案。你曾经给你的思想休息的机会吗？

干扰正常节奏模式将会造成许多问题，如果你在工作之后不给你思想休息的机会，你的身体就会一直处于一种被刺激的状态，这种情况可能会使你因为紧张而失调。

你不必希望永远快乐，因为果真如此的话，那种快乐一定会变得枯燥乏味。婚姻顾问的一个重要目的就是要使夫妻了解二人的爱不可能没有高低潮。你必须了解你生命中的波涛和节奏，并顺着生命的节奏表现你的爱，以期能和大自然和谐共处。

大自然传达宁静的感觉。凝视自然地形、色彩变化、地质构造、自然的香味和声音，我们便可以获得和大自然融合为一的感觉。让眼睛看向远方的地平线，我们就能放松生活压力的焦点。下次当你凝视天际时，想象你眼睛的肌肉已释放出所有的紧张，想想如此一来对你有多好。如同风景画中的人物，我们得以用更宽广的角度来看自己，并调整我们看事情的角度。在古典浪漫时期，面对大自然的渺小感几乎是令人害怕的，今天我们对于戏剧性的瀑布或高耸的悬崖峭壁依然感到敬畏。在一个温和平静的风景中，我们看自己的方式不同了，我们的问题似乎也变得比较简单，或觉得昨天的事不过是幻象罢了。奇妙之事继续发生：我们花越多时间在大自然的美景中，就有越多的焦虑将会消失掉。

自然宁静的效果部分是和绿荫有关，在心理作用上，绿荫是和休息联想在一起的。如果你有一个小小的庭院，试着在院中种满不同叶形、不同颜色的植物。当然，花匠可以提供很好的服务，但是你可能宁愿自己修剪树叶，或自己动手采集果实和种子、做做园艺什么的。你可能放着花园某个角落不整理，作为鸟儿和昆虫的天堂，认识你种植的植物或花的名称，去认识它们个别的个性，同时学习它们的学名和俗名，并大声念出那些奇怪的音节，想象它们像种子一样躺在你心灵中的花园。

从你的庭院或附近的公园收集不同种类的树叶。

舒适地坐下来并认真地研究它们——树叶的形状、颜色和纹理。压在手掌心里感觉它们的凉爽，用手指循着每片叶子的叶脉移动，然后闭眼冥想你所看到的叶子形态。

闭上眼睛，感觉并闻一闻手中的叶子，借由触摸和气味来分辨每一片的不同。

让自己完全专注在树叶上，让所有的担心、焦虑和负面思想都从意识中消退。

内心的平静

> 如果你无法获得平静，生活将没有意义。因此，你
> 必须使你的灵魂获得安宁，并且平静生活。

> 你愈能够接受自己，就愈容易容忍自己的弱点，也
> 愈能够接近心灵上的平静。

你在早晨醒来之后，可能打开大门，弯身拿起牛奶和报纸。

你可能把牛奶放进冰箱，然后坐在椅子上开始看报。粗黑的大标题赫然出现在眼前——核子武器、外交威胁、违法犯罪、政府滥权等。

"瞧，"你可能会这么说，"这就是最好的证明，你根本无法在这个世界里静静休息。全世界动乱不堪，已经无法控制了。"

你错了。你可以轻松下来，也可以获得心灵的平静——即使别人都在焦虑不安。

你可以学习容忍这些压力，甚至在生活的奋斗中获得胜利。如果你无法获得平静，生活将没有意义。因此，你必须使你的灵魂获得安宁，并且平静生活。

古希腊哲学家柏拉图说："人间万事，没有任何一件值得过度焦虑。"

首先你一定要相信，"内心的平静"是可以达到的一个目标，这也许不像表面上那般容易，如果你已经习惯骚扰、打击及指责你四周的人，那你可能认为心情的平静是无法获得的。

　　一些重要的杂志与报纸经常报道今日青少年内心的焦虑不安，以及他们紧张情绪的爆炸性。

　　一些最受尊敬的社会学家也告诉我们，现代生活充满许多不正常的焦虑。

　　哲学家、精神学家以及宗教领袖皆同意今天的生活缺乏精神上的平静，充满冲突，并受到怨恨的骚扰。

　　数以百万计的人以焦虑来折磨自己。他们优柔寡断，充满恐惧，甚至无法接受自己的感觉或缺点。他们对任何事情都不敢做决定，对于所谓的生活中的"失败"感到愧疚。他们的行为太矛盾——否则就是害怕得不敢采取任何行动。焦虑已经成为他们的生活方式。恐惧和精神上的毛病充满他们脑中，取代了他们应有的成功与信心的感觉。我就知道有些人，竟然已经好几年不曾享受过真正平静的一星期。

　　这是不是证明生活中的宁静无法达到？不是，我提到上面这些令人沮丧的例子，是要向你再度说明，如果你感到焦虑不安，也不必泄气，因为跟你同样的人太多了。在今天这个世界上，确实有些情况会产生焦虑与不安，因此，若想获得心灵上的平静，首先就要接受你的焦虑与不安，不要因为它们而责备自己。你愈能够接受自己，就愈容易容忍自己的弱点，也愈能够接近心灵上的平静。

　　首先，从事一些能够令你满足的活动，大部分是属于个人的活动。某些嗜好或仪式可以成为某些人的"心灵镇静剂"，却可能令其他人感到烦闷无比。

　　卡耐基有一位医生朋友，每天下班后，仍然可以感受到工作上的压力，因而觉得精神十分紧张，但他只要弹弹钢琴，就能平静下来。他所弹的大部分是肖邦的作品，卡耐基有时也到他的公寓里坐坐，点上一根雪茄，看着他弹钢琴，在优美的琴声中，不知不觉和他一起轻松起来。

"我不知道这是怎么回事，"他有一次对卡耐基说，"只要我弹起钢琴来，就会觉得十分轻松，忘掉了生活压力。我能够自得其乐，不再担心那些痛苦的病人，也忘了那些身患绝症的人，我这样也许不对。"

"不，"卡耐基说，"你必须轻松下来，甚至忘掉最可怜的病人，否则你不但不会成为好医生，也会降低你帮助病人的能力。钢琴给了你心灵上的平静——接受这份礼物吧。"

人人都有这种振奋精神的潜力。把它找出来——然后看看它能为你带来什么好处，并充分利用及发展。

拿开捂住眼睛的双手

过去的所有不愉快绝不会因为自欺欺人地捂上眼睛，就可以"我看不见你，你就看不见我了"。

撒谎的结果会驾驭我们的生命，而我们终究会发现吐露真相是明智的方法。

心境恰似容器，无法面对现实就容不下对未来的美好期望；满满的水杯如何还能承受重新注入的甘美果汁。放下身段，方才得以率真地正视自我；抛弃世俗虚伪名利、面子的顾忌。坦然的胸怀，正是我们迈向美好未来的捷径。

过去的所有不愉快绝不会因为自欺欺人地捂上眼睛，就可以"我看不见你，你就看不见我了"；坦率方见真情，纯真始得真义，只有不计较过去曾经的坦率，不计较世俗眼光的纯真，我们才能以最大的勇气去面对现实。

卡耐基的女儿乔伊三四岁刚学会走路的时候，在家里最爱跟家人们玩"捉迷藏"的游戏。

当时她是家里唯一的孩子，家人自然就成了她的玩伴。乔伊老是喜欢叫大家"扮鬼"，由她在四处躲起来，让大家找她。

卡耐基每次总是故意地慢慢数着一、二、三、四……她一会儿想藏到窗帘里面，一会儿想躲到壁橱后头。她总是觉得不大放心地再三改变她的主意，她总是觉得不大满意地屡次更改她隐藏的地方。即使是确实找到了绝佳隐蔽的地方，她又总是在卡耐基问她"躲好了没"之后，奶气十足地回答说"好了"，充分暴露了她的行踪。

卡耐基故作谨慎仔细地搜寻，夸张地缓步前行，慢慢地接近她藏身的地方。而当卡耐基每次找到她，拉开了窗帘或是翻开了壁橱的时候，她十分天真可爱地以小小的双手立即捂住了她的眼睛，兀自烂漫无邪地静静站立在卡耐基的眼前，直到卡耐基以双手拉开了她那肥嘟嘟的小手。发现爸爸已经找到了她，她这才死心，不断吱吱咯咯、手舞足蹈地开怀大笑。

乔伊这种愚蠢而可爱的举动，经常是当时一些亲朋好友来家做客时，作弄逗笑的最好话题。直到如今，乔伊还能依稀记得当时的情景。她说，她一直将这种"我看不见你，你就看不见我"的捉迷藏哲学奉为圭臬，直到进了幼儿园，在接触了其他的小朋友，面对了真实严肃的"游戏规则"，知道不再有人像父母一般宽让以后，才明白过去奉行的宗旨有多荒谬与错误。

这真是一个最好的人生启示。其实，我们许多人，直到成年以后，在生活中不还一直犯着这个"我看不见你，你就看不见我"

的、不敢面对现实的严重错误吗?

漫漫人生,充满了喜乐,充满了快慰,喜乐时我们高歌,快慰时我们欢笑。然而,漫漫人生也充满了悲伤,充满了挑战,而我们却经常在悲伤来临的时候只知痛苦,在挑战来临的时候只会愚蠢地以"我看不见你,你就看不见我"的自我欺骗心态,一味回避,而不知如何去拿开捂住眼睛的双手,面对现实,迎接挑战。

人们不是因为他们本性不诚实而撒谎,他们撒谎是因为他们害怕真相,这便是恐惧发生在谎言之前的原因。我们撒谎之后,内疚随之而来,因为我们的内在认知立即明白,我们主动逃避一次学习爱的机会,而且我们正在造成内在的另一个障碍。

撒谎的结果会驾驭我们的生命,而我们终究会发现吐露真相是明智的方法。

因为你快乐,所以我快乐

快乐是有传染性的,只有使别人快乐,才能让我们自己快乐。

必须有自我牺牲或者约束的意识,才能达到自我了解与快乐。

快乐是有传染性的,只有使别人快乐,才能让我们自己快乐。

不管你的处境多么普通,你每天都会碰到一些人,他们每个人都有自己的烦恼、梦想和目标,他们也渴望有机会跟其他的人来共享,可是你有没有给他们这种机会呢? 你有没有对他们的生活流露出一份兴趣呢? 你不一定要成为南丁格尔,或是一个社会改革者，才能帮着改变这个世界。你可以从明天早上开始，从你所碰到的那些人做起。

这对你会有什么好处呢？这会带给你更大的快乐、更多的满足，以及你心中的满意。"为别人做好事不是一种责任，而是一种快乐，因为这能增加你自己的健康和快乐。"纽约心理治疗中心的负责人亨利·林克说。

现代心理学上最重要的发现就是用科学证明：必须有自我牺牲或者约束的意识，才能达到自我了解与快乐。

多为别人着想，不仅能使你不再为自己忧虑，也能帮助你结交更多的朋友，并得到更多的乐趣。那么怎样才能做到这一点呢？

如果你想消除忧虑，获得平安与幸福，就请记住这条规则：

"要对别人感兴趣而忘掉你自己，每一天都做一件能给别人脸上带来快乐微笑的好事。"洛克菲勒早在23岁的时候就开始全心全意地追求他的目标。据他的朋友说："除了生意上的好消息以外，没有任何事情能令他展颜欢笑。当他做成一笔生意，赚到一大笔钱时，他会高兴地把帽子摔到地上，痛痛快快地跳起舞来。但如果失败了，那他会随之病倒。"

就在他的事业达到顶峰之时，他的私人世界却崩溃了。许多书籍和文章公开谴责他不择手段致富的财阀行为。

在宾夕法尼亚州，当地人们最痛恨的人就是洛克菲勒。被他打败的竞争者，将他的人像吊在树上泄恨；充满火药味的信件如雪花般涌进他的办公室，威胁要取他的性命。他雇用了许多保镖，防止遭敌人杀害，并试图忽视这些仇视怒潮。有一次，他曾以讽刺的口吻说："你尽管踢我、骂我，但我还是按照我自己的方式行事。"

但他最后还是发现自己毕竟也是普通人，无法忍受人们对他的仇视，也受不了忧虑的侵蚀。他的身体开始不行了，疾病从内部向他发动攻击，令他措手不及，疑惑不安。

起初，"他试图对自己偶尔的不适保密"。但是，失眠、消化不良、掉头发——全身烦恼和精神崩溃的肉体病症——却是无法隐瞒的。

在那段痛苦及失眠的夜晚里，洛克菲勒终于有时间反省。他开始为他人着想，他一度停止去想他能赚多少钱，而开始思索那笔钱能换取多少人的幸福。

简而言之，洛克菲勒现在开始考虑把数百万的金钱捐出去。有时候，做件事可真不容易。当他向一座教堂捐款时，全国各地的传教士便齐声发出反对的怒吼："腐败的金钱！"

但他继续捐献，在获知密西根湖湖岸的一家学院因为抵押权而被迫关闭时，他便立刻展开援助行动，拿出数百万美元去捐助那家学院，将它建设成为目前举世闻名的芝加哥大学；他也尽力帮助黑人，像塔斯基吉黑人大学，需要基金完成黑人教育家华盛顿·卡文的志愿，他便毫不迟疑地捐出巨款；然后，他又采取更进一步的行动，成立了一个庞大的国际性基金会——洛克菲勒基金会——致力消灭全世界各地的疾病、文盲。

像洛克菲勒基金会这种壮举，在历史上前所未见。洛克菲勒深知全世界各地有许多有识之士，都在进行着许多有意义的活动，但是这些高超的工作，却经常因缺乏基金而宣告结束。他决定帮助这些人道的开拓者——并不是"将他们接收过来"，而是给他们一些钱来帮助他们完成工作。洛克菲勒把钱捐出去之后，是否获得心灵的平安？他最后终于感觉满足了，洛克菲勒十分快乐，他已完全改变，完全不再烦恼。

不要期望他人感恩

要追求真正的快乐，就必须抛弃别人会不会感恩的念头，只享受付出的快乐。

忘恩原是天性，它像随地生长的杂草。感恩却犹如玫瑰，需要细心栽培及爱心的滋润。

我们不要忘了，要想有感恩的子女，只有自己先成为感恩的人。我们的所言所行都非常重要。在孩子面前，千万不要诋毁别人的善意。

有一次卡耐基碰到一个义愤填膺的人，令这个人气愤的事发生在 11 个月前，可他还是一提起就生气。他简直不能谈别的事，他为 34 位员工发了 10 000 美元圣诞节奖金——每人差不多 300 美元——结果没有一个人谢谢他。他抱怨："我很后悔，我居然发给他们奖金。"

除了愤恨与自怜，他大可自问为什么人家不感激他：有没有可能是因为待遇太低、工时太长，或是员工认为圣诞奖金是他们应得的一部分？也许他自己是个挑剔又不知感谢的人，以致别人不敢也不想去感谢他。或许大家都觉得反正大部分利润都要缴税，不如当成奖金。

不过反过来说，也可能员工真的是自私、卑鄙、没有礼貌的。也许是这样，也许是那样。英国约翰逊博士说过："感恩是极有教养的产物，你不可能从一般人身上得到。"

167

如果你救了一个人的生命，你会期望他感激吗？你也许会——可是塞缪尔·莱维茨在他当法官前曾是位有名的刑事律师，曾使 78 个罪犯免上电椅。你猜猜看，其中有多少人曾事后致谢，或至少寄个圣诞卡来？我想你猜对了——一个也没有。

人间的事就是这样，人性就是人性——你也不用指望会有所改变，何不干脆接受呢？我们应该像一位有智慧的罗马帝王马库斯·阿列留斯一样，他有一天在日记中写道："我今天会碰到多言的人、自私的人、以自我为中心的人、忘恩负义的人，我也不必吃惊或困扰，因为我还想象不出一个没有这些人存在的世界。"

他说得不是很有道理吗？我们每天抱怨别人不会感恩，到底该怪谁？这是人性，还是我们忽略了人性？不要再指望别人的感恩了，要是我们偶尔得到别人的感激，就会是一件惊喜。如果没有，也不至于难过。

有一位妇人，一天到晚抱怨自己孤独，没有一个亲戚愿意接近她。你去看望她，她会花几个钟头喋喋不休地告诉你，她侄儿小的时候，她是怎么照顾他们的；他们得了麻疹、腮腺炎、百日咳，都是她照看的；他们跟她住了许多年，她还资助一位侄子读完商业学校，直到她结婚前，他们都住在她家。

这些侄子都回来看望她吗？噢！有的！有时候！完全是出于义务的。他们怕回去看她，因为想到要坐几个小时去听那些老调，无休无止的埋怨与自怜。当这位妇人发现威逼利诱也没法叫她的侄子们回来看她后，她就剩下最后一个绝招——心脏病发作。

这心脏病是装出来的吗？当然不是，医生也说她的心脏相当神经质，常常心悸。可是医生也束手无策，因为她的问题是情绪性的。

这位妇人需要的是关爱与关注，但是她更需要的是"感恩"，可惜她大概永远也得不到感激或敬爱，因为她认为这是应得的，她要求别人给她这些。

有多少人都像她一样，因为别人忘恩负义，因为孤独，因为被人疏忽而生病。他们渴望被爱，但是在这世上真正能得到爱的唯一方式，就是不索求，相反地，还要不求回报地付出。

这听起来好像太不实际、太理想化了，其实不然！这是追求幸福最好的一种方法。卡耐基的父母乐于助人，可是他们很穷——总是窘于欠债，可是虽然穷成那样，卡耐基父母每年总是能挤出一点钱寄到孤儿院去。他们从来没有去拜访过那家孤儿院，大概除了收到回信外，也从来没有人感谢过他们，不过他们已有所回报，因为他们享受了帮助这些无助小孩的喜乐，并不期望任何回报。

卡耐基离家外出工作后，每年圣诞节，总会寄张支票给父母，让他们买点自己喜欢的物品，可是他们总不买。当卡耐基回家过圣诞时，才知道他们买了煤、日用品送给城里一个有很多小孩的贫苦妇人。施舍与不求回报的快乐是他们所能得到的最大的快乐。

要追求真正的快乐，就必须抛弃别人会不会感恩的念头，只享受付出的快乐。为人父母者总是怨恨子女不知感恩，即使是莎剧主人翁李尔王也不禁叫道："不知感恩的子女比毒蛇的利齿更痛噬人心。"

但是如果我们不教育他们，为人子女者如何会知道感恩呢？忘恩原是天性，它像随地生长的杂草。感恩却犹如玫瑰，需要细心栽培及爱心的滋润。

假如子女们不知感恩应该怪谁？可能该怪的就是我们自己。如果我们总是不教导他们向别人表示感谢，怎么能期望他们来谢我们？

卡耐基有一位朋友，他在一家纸盒工厂里工作得很辛苦，周薪不过40美元。他娶了一位寡妇，她说服他向别人借了钱送她第二个前夫的儿子上大学。他的周薪得用来支付食物、房租、燃料、衣服及缴付欠款。他像奴隶似的苦干了4年，而且从不埋怨。

有人感谢他吗？没有，他太太认为是理所当然的，那个儿子自然也是一样。他们一点也不感到对这位继父有任何亏欠，即使只是道谢一声也没有。

这怪谁呢？这个儿子吗？也许！但是这位母亲不是更应该责怪吗？她认为这两个年轻的生命不应该有这种义务的负担，她不希望她的儿子由"负债"开始他们的人生。所以她从没想到要说："你们的继父资助你们念大学，多好的人啊！"相反地，她的态度却是："噢！那是他起码应做到的。"

她认为没有施加给他们任何负担，可是实际上，她让他们产生了一种危险的意识，认为这个世界有义务让他们活下去。果然后来，这位男孩想向老板"借"点钱，结果身陷囹圄。

我们不要忘了，要想有感恩的子女，只有自己先成为感恩的人。我们的所言所行都非常重要。在孩子面前，千万不要诋毁别人的善意，也千万别说："看看表妹送的圣诞礼物，都是她自己做的，连一毛钱也舍不得花！"这种反应对我们可能是件小事，但是孩子们却听进去了。因此，我们最好这么说："表妹准备这份圣诞礼物，一定花了不少时间！她真好！我们得写信谢谢她。"这样，我们的子女在无意中也学会养成赞赏感谢的习惯了。

走出孤独的人生

幸福不是靠别人来施舍的，而是要靠自己去赢取别人对你的需求和喜爱。

我们若想克服孤寂，就必须远离自怜的阴影，勇敢走入充满光亮的人群里。

曾有一位妇女失去了自己的丈夫，她悲痛欲绝，自那以后，她便和成千上万的人一样，陷入了一种孤独与痛苦之中。"我该做些什么呢？"在她丈夫离开她近一个月之后的一天晚上，她跑来向一位好友求助，"我将住到何处？我还有幸福的日子吗？"

朋友极力向她解释，她的焦虑是因为自己身处不幸的遭遇之中，才50多岁便失去了自己的生活伴侣，自然令人感到悲痛异常，但时间一久，这些伤痛和忧虑便会慢慢减缓消失，她也会开始新的生活——从痛苦的灰烬之中建立起自己新的幸福。

"不！"她绝望地说道，"我不相信自己还会有什么幸福的日子，我已不再年轻，孩子们也都长大成人，成家立业。我还有什么地方可去呢？"可怜的女人得了严重的自怜症，而且不知道该如何治疗这种疾病。好几年过去了，她的心情一直都没有好转。

有一次，这位朋友忍不住对她说："我想，你并不是要特别引起别人的同情或怜悯。无论如何，你可以重新建立自己的新生活，结交新的朋友，培养新的乐趣，千万不要沉溺在回忆里。"但她没有把这些话听进去，因为她还在为自己的命运自艾自叹。后来，她觉得孩子们应该为她的幸福负责，因此便搬去与一个结了婚的女儿同住。

但事情的结果并不如意，她和女儿都面临一种痛苦的经历，甚至关系恶化到大家翻脸成仇。这位妇人后来又搬去与儿子同住，但也好不到哪里去。后来，孩子们共同买了一间公寓让她独住，这更不是真正解决问题的方法。

最后她觉得所有家人都弃她而去，没有人要她这个老太太了。这位妇人的确一直都没有再享有快乐的生活，因为她认为全世界都亏欠她。她实在是既可怜，又自私，虽然现今已 61 岁了，但情绪还是像小孩一样没有成熟。

孤独是人生的一种痛苦，尤其是内心的孤寂更为可怕。而现代生活中很多人却深受这种痛苦的折磨，他们远离人群，将自己内心紧闭，过着一种自怜自艾的生活，甚至有些人因此而导致性格扭曲，精神异常，这当然更为不值。其实，每个人一生中都会遇到不幸和挫折，当你面临这种处境时，应正视现实，积极解决，随着时间消逝，你就会走出困境与不幸，何必将自己那颗跳动的心紧闭，让自己的人生陷入痛苦与不安之中呢？

许多寂寞孤独的人之所以会如此，是因为他们不了解爱和友谊并非从天而降的。一个人要想受到人的欢迎，或被人接纳，就一定要付出许多努力和代价。情爱、友谊或快乐的代价都不是一纸契约所能规定的。让我们面对现实，无论是丈夫死了，或太太过世，活着的人都有权利再快乐地活下去。但是，他们必须了解：幸福不是靠别人来施舍的，而是要靠自己去赢取别人对你的需求和喜爱。

让我们再看另一个故事。

一艘正在地中海蓝色的水面上航行的游轮，上面有许多正在度假的夫妇，也有不少单身的未婚男女穿梭其间，个个兴高采烈，随着乐队的拍子起舞，其中，有位明朗、和悦的单身女性，大约60 岁，也随着音乐陶然自乐。这位上了年纪的单身妇人，也和前面提到的太太一样，曾遭丧夫之痛，但她能把自己的哀伤抛开，毅然开始自己的新生活，重新展开生命的第二个春天，这是经过深思之后所做的决定。

她的丈夫曾是她生活的重心，也是她最为关爱的人，但这一切全都过去了。幸好她一直有个嗜好，便是绘画，她十分喜欢水彩画，现在绘画更成了她精神的寄托。她忙着作画，哀伤的情绪逐渐平息。而且由于努力作画，她开创了自己的事业，使自己的经济能完全独立。

有一段时间，她很难和人群打成一片，或把自己的想法和感觉说出来，因为长久以来，丈夫一直是她生活的重心，是她的伴侣和力量。她知道自己长得并不出色，又没有万贯家财，因此在那段近乎绝望的日子里，她一再自问：如何才能使别人接纳她，需要她。

她后来找到了自己的答案——她得使自己成为被人接纳的对象，她得把自己奉献给别人，而不是等着别人来给她什么。想清楚了这一点，她便擦干眼泪，换上笑容，开始忙着作画。她也抽时间拜访亲朋好友，尽量制造欢乐的气氛，却绝不久留。不多久，她开始成为大家欢迎的对象，不但时有朋友邀请她吃晚餐，或参加各式各样的聚会，并且还在社区的会所里举办画展，处处都给人留下美好的印象。

后来，她参加了这艘游轮的"地中海之旅"。在整个旅程当中，她一直是大家最喜欢接近的目标，她对每一个人都十分友善，但绝不紧缠着人不放。在旅程结束的前一个晚上，她的舱旁是全船最热闹的地方。她那自然而不造作的风格，使每个人都留下深刻印象，并愿意与之为友。

从那时起，这位妇人又参加了许多类似这样的旅游，她知道自己必须勇敢地走进人群，并把自己奉献给需要她的人。她所到之处都留下友善的气氛，人人都乐意与她接近。

所以那些能克服孤寂的人，无论走到哪里，一定能善于与人们培养出亲密的关系，就好像燃烧的煤油灯一样，火焰虽小，却仍能产生出光亮和温暖来。

我们若想克服孤寂，就必须远离自怜的阴影，勇敢地走入充满光亮的人群里。我们要去认识人，去结交新的朋友，无论到什么地方，都要兴高采烈，把自己的欢乐尽量与别人分享。

根据统计显示，大部分结过婚的妇女，都比先生长寿，但是先生过世之后，这些妇女都很难再快乐生活。而男性由于工作的关系，基于工作本身的要求，他们不得不驱使自己继续进步。通常，夫妇当中，先生要比太太来得强壮，也更富有进取性。妻子则大部分以家庭为中心，并以家人为主要相处对象，所以，她对必须独自生活或追求个人的幸福，并没有什么心理准备。但是，假如她决心摆脱孤独、追求幸福的话，应该是可以做到的。

当然，孤寂并不专属于丧偶的人。无论是单身男子或美丽的女王，无论是城市的异乡人或村里的流浪汉，都一样会尝到孤寂的滋味。

虽然现在时代越来越进步，但我们的社会却有一种疾病愈来愈普遍，那就是处于拥挤人群中的孤独感。

在加州奥克兰的密尔斯大学，校长林·怀特博士在一次女青年会的晚餐聚会上发表了一段极为引人注意的演讲，内容提到的便是这种现代人的孤寂感："20 世纪最流行的疾病是孤独。"他如此说道，"用大卫·里斯曼的话来说，我们都是'寂寞的一群'。由于人口愈来愈多，根本分不清谁是谁了……居住在这样一个'不拘一格'的世界里，再加上政府和各种企业经营的模式，人们必须经常由一个地方换到另一个地方工作——于是，人们的友谊无法持久，时代就像进入冰河时期一样，使人的内心冰冷不已。"

几年前，有个刚毕业的年轻人，只身来到北京，准备大展宏图，为这座城市带来一点光彩。这位青年长得英俊潇洒，受过良好的教育，自己也很为自身的条件而感到骄傲。安顿妥当之后的第一天，他在白天参加了一个销售会议，到了夜晚，他忽然感到孤单起来。他不喜欢独自吃饭，不想一个人去看电影，也不认为应该去打扰一些在城市里的已婚朋友。或许，我们还可以再多添一个理由——他也不想让女孩缠上自己。

当然，他是希望能碰到一个好女孩，但绝不是从酒吧或什么单身俱乐部一类的场所随便挑一个。结果，他只好在那个准备大展宏图的城市里，独自度过了寂寞凄凉的夜晚。

大都市的生活有时是比小镇更会让人有孤寂感的。要在大都市里生活，有时更得花点心思去结交朋友，并让这些朋友接纳你、需要你。在去一个大都市之前，要先想好以后的日子——尤其是下班后的时间要如何打发。你当然需要有些兴趣相同的人在一起，但你得先伸出友谊之手。

初到一个陌生的城市，其实有很多事情可做，你可以上教堂或参加同好俱乐部，这些都可以增加认识人的机会。你也可以选修成人教育课程——不但可以追求进步，更可以得到同伴和友谊。但是，假如你只是一人默默在餐馆里吃饭，或在酒吧独自喝闷酒，那就无怪乎得不到什么情谊了。你一定得去安排或做些什么事。

有这样两个生活在大城市里的年轻女孩，她们共租了一间公寓同住。两个女孩都长得十分迷人，也都有一份待遇不错的工作，都希望自己有朝一日能出人头地。

其中一位聪明的女孩，她认为居住在大都市的女孩——尤其是单身女孩—— 一定要仔细安排自己的生活，并计划自己的未来。于是她到一间旅行俱乐部去，积极参加各种活动，她还加入一个研讨会，甚至选修一门改进个性的课程。她把自己的薪水尽量用来与人交往，并开创出多彩多姿的生活内容。

她有适度而愉快的休闲活动，但对于社交关系则相当谨慎，尤其尽量避免暧昧不清的男女关系。

她初到此地的时候，当然也感到寂寞——哪一个女孩不会有这种感觉呢？但是，她不想像某些男性一样，在海底潜游了半天，却只寻得一块海绵。因为她知道，自己一定要有计划。结果，她与一位聪明的年轻律师结了婚，婚后生活十分愉快。这便是她强调"要达到目标"的结果——她得到了幸福快乐的人生。

至于另外的那个女孩呢？她当初也很孤单寂寞，却没有找到摆脱孤单的正确方法。她四处到一些游乐场所或酒吧找寻朋友，结果，她最后也加入了一个俱乐部，那是协助酗酒者的"戒酒俱乐部"！

所以，如果你不想让自己孤独忧虑，就要明白：幸福并不是靠别人来布施，而是要靠自己去赢取别人对你的需求和喜爱。

第九章　成就完美与和谐

将逆境变成一种祝福

当你遇到挫折时，切勿浪费时间去算你遭受了多少损失；相反，你应该算算看，你从挫折当中可以得到多少收获和资产。

时间对于保存这颗隐藏在挫折当中的等值利益的种子是非常冷酷无情的，找寻隐藏在新挫折中的那颗种子的最佳时机，就是现在。

约翰在威斯康星州经营一座农场，当他因为中风而瘫痪时，就是靠着这座农场维持生活的。

由于他的亲戚都确信他康复无望了，所以就把他搬到床上，并让他一直躺在那里。虽然约翰的身体不能动，但他还是不时地动脑筋，忽然间，有一个念头闪过他的脑海，而这个念头注定了要补偿他不幸的缺憾。

他把他的亲戚全都召集过来，并要他们在他的农场里种植谷物。这些谷物将作为一群猪的饲料，而这群猪将会被屠宰，并且用来制作香肠。

数年间，约翰的香肠就被陈列在全国各商店出售，结果约翰和亲戚都成了拥有巨额财富的富翁。

产生这样美好结果的原因，就在于约翰的不幸迫使他运用从来没有真正运用过的一项资源：思想。他定下了一个明确目标，并且制定了达到此目标的计划，他和亲戚组成智囊团，并且怀着应有的信心，共同实现了这个计划。别忘了，这个计划是因为约翰中风之后才制定的。

当你遇到挫折时，切勿浪费时间去算你遭受了多少损失；相反，你应该算算看，你从挫折当中可以得到多少收获和资产。你将会发现你所得到的，会比你所失去的要多得多。

你也许会认为约翰在发现思想力量之前，必然会被病魔打倒，有些人更会说他所得到的补偿只是财富，而这和他所失去的行动能力并不等值。但约翰从他的思想力量和他亲戚的支持力量中，也得到了精神方面的补偿。虽然他的成功并不能使他恢复对身体的控制能力，但却使他得以掌控自己的命运，而这就是个人成就的最高象征。他可以躺在床上度过余生，每天只为自己和他的亲人难过，但是他没有这样做，反而带给他的亲人想都没有想过的幸福。

长期的疾病通常会使我们不再看，也不再听。我们应该学习去了解发自内心深处的轻声细语，并分析出导致我们遭到挫折甚至失败的原因。

爱默生对此事的看法是：

"发烧、肢体残障、冷酷无情的失望、失去财富、失去朋友都像是一种无法弥补的损失。但是平静的岁月，却展现出潜藏在所有事实之下的治疗力量。朋友、配偶、兄弟、爱人的死亡所带来的似乎是痛苦，但这些痛苦将扮演着导引者的角色，因为它会操纵你生活方式的重大改变，终结幼稚和不成熟，打破一成不变的工作、家族或生活形态，并允许建立对人格成长有所助益的新事物。

"它允许或强迫形成新的认识，并接受对未来几年非常重要的新影响因素。在墙崩塌之前，原本应该在阳光下种种花朵——种植那些缺乏伸展空间而头上又有太多阳光的花朵的男男女女，却种植了一片孟加拉椿树林，它的树荫和果实使四周的邻居们因而受惠。"

时间对于保存这颗隐藏在挫折当中的等值利益的种子是非常冷酷无情的，找寻隐藏在新挫折中的那颗种子的最佳时机，就是现在。你也可以再检查一下过去的挫折，并找寻其中的种子。有的时候，我们会因为挫折感太过强烈，而无法马上着手去找这颗种子。但是，现在你已有了更高的智慧和更多的经验，足以使你轻易地从任何挫折中，学习它能教给你的东西。

不要重复老路

如果我们不是常常追求进步，保持如年轻人般敏锐的头脑，那么不仅我们自己的工作会受到阻碍，我们整个人也会变得平庸。

不断地超越自我，没有什么比这更能够催人进步了。

在人类历史的早期，当时楠塔基特岛上的路很少，且道路状况很差。在那些布满沙子的平原上，到处贴着告示，警示过客们"不要重复老路"。一个作家解释说："这句话的意思很明显，就是奉劝过路人不要每一次都去重复地走前人的老路，最好自己开辟一条新路。这样，他自己会有一些收获，也为大家做了好事。"

我们都知道思想僵化的害处。有一个成语叫"熟视无睹"，意思就是说，如果一个人总处在同样的环境中，就会使我们对于它的缺点视而不见。如果思想缺乏交流，那么思想就失去了灵活性和对新事物的敏感性。如果我们不是常常追求进步，保持如年轻人般敏锐的头脑，那么不仅我们自己的工作会受到阻碍，我们整个人也会变得平庸。大脑像肌肉一样，只有在使用中才能得到锻炼。如果一个人在工作中停止了思考，那么日复一日，他的大脑就会变得迟钝，他的工作毫无进步，直到最后他失去了进取心，不能公正地评价自己的工作。这个时候，他就不再进步，而开始大步地倒退了。

不断地超越自我，没有什么比这更能够催人进步了。不管一个人的职业是什么，如果他每年都能够彻底地反省一次，找出自己的缺点和阻碍自己进步的地方，那么他将会取得十倍于现在的成就。

涉世之初，我们或许会许诺，永远不会降低我们的理想，我们会永远追求进步，与时代最先进的思想潮流同步。但言之易，行之难，很多人没有告诫自己，要始终保持自己的理想，这样的人很快就没有希望了。

保持快乐的唯一方式就是抓住生活中的每一次机会，享受生活，并非只有等到你有了金钱和地位时才可以享受生活。一次轻松的旅行，购买一件艺术品，建一座舒适的住宅，或者实现其他抱负，并不是只有当你有钱有地位之后才可以实现的。一天天、一年年地推迟自己的梦想，不仅使自己失去了现在的乐趣，还阻碍了我们追求未来幸福的脚步。

总是把快乐寄托在明天，本身就是一个巨大的错误。

　　许多年轻的夫妇，整年像奴隶般地工作，放弃了每一个放松和追求快乐的机会。他们不让自己有任何的奢侈行为，不会去看一场戏剧或听一场音乐会，也不会去组织一次郊游，不会去买一本自己渴望已久的书，没有阅读兴趣和文化生活。他们想，等自己有了足够的金钱时，就会有更多的享受了。

　　每一年他们都渴望着来年自己会过上幸福的生活，或许可以计划一次奢侈的旅行。但是当第二年到来的时候，他们会发现自己必须再忍耐一些，节约一些。于是，一年年地这样推迟，直到自己变得麻木。

　　最终，当他们觉得他们可以去追求一点快乐的时候，他们可以去国外旅行，可以去听音乐会，可以去购买一件艺术品，可以通过阅读开阔自己的眼界时，已经太晚了。他们习惯了单调的生活。生活失去了色彩，热情消逝了，雄心磨灭了。长年的压抑破坏了自己享受生活的能力，他们牺牲了自己的健康和快乐得来的东西却变得一文不值了。

　　难道生活就仅仅是吃喝拉撒睡吗？除了土地、房屋和银行账户外，生活难道就不应该有一些乐趣吗？如果人只像野兽那样过得毫无生活乐趣，人就不称其为人了。

播种美丽，收获幸福

　　"请在你旅途所经之处撒播鲜花的种子，因为你可能永远都不会在同样的路上再次旅行。"

　　你是否曾经感受到了大自然所蕴含的美的神奇力量？如果没有的话，那你就丧失了生活中最深沉的一种幸福。

一位年长的旅行者曾经讲述了这样一次经历：有一次在去美国西部的旅行途中，他恰好坐在一位年迈的妇人旁边。这位老妇人时不时地从敞开的窗户中探出身去，从一个瓶子中把一些粗大的"盐粒"撒在路上——至少在他看来是如此。当她撒完了一个瓶子之后，又从手提包里把瓶子灌满继续撒。

一个听他讲述这一经历的朋友认识这位老妇人，并告诉他，这位老妇人极其喜欢鲜花，并且一贯遵循一个信念："请在你旅途所经之处撒播鲜花的种子，因为你可能永远都不会在同样的路上再次旅行。"通过在自己的旅途中撒播鲜花的种子，这位老妇人大大地增添了原野的美丽。正是由于她热爱美、传播美，使得许多道路两侧鲜花缤纷，生机盎然，令寂寞的旅人耳目一新。

如果我们在漫长的人生旅程中都能够像这位老妇人一样热爱美并传播美的种子，那么这个世界将会变得多么令人心旷神怡啊！

的确，到乡间的一次旅行是多么难得的机会啊，它可以把美带进我们的生活，可以提高我们的审美能力，这种能力在大多数人身上完全未被开发，处于混沌的睡眠状态。对那些懂得并欣赏美的人来说，融入大自然的怀抱就像是走进了一座巨大而精美的、弥漫着优雅和魅力的宫殿。展现在我们面前的大自然，是这样的庄严、美丽和可爱。在这里有轻风在驰骋，有泉流在激溅，有鸟儿在鸣啼。风的微吟、雨的低唱、虫的轻叫、水的轻诉，一切都显得是那么抑扬顿挫、长短疾徐，再加上夕阳的霞光、花儿的芬芳、高山的宏伟、彩虹的艳丽、空气的清爽，构成了足以让天使陶醉的画面，而置身其中的我们，又怎能不像喝了醇酒一般呢？但是，这种美丽和恬静是无法靠金钱来换取的，只有那些与大自然的脉搏一起跳动，与充满了温情和爱的大自然相吻合的人们，才能真正地发现它们，欣赏它们，并拥有它们。

你是否曾经感受到了大自然所蕴含的美的神奇力量？如果没有的话，那你就丧失了生活中最深沉的一种幸福。

当我们的心灵驰骋于绿色无垠的原野，徜徉于翠竹掩映的溪畔时，我们肯定不会怀疑造物主是在按照他自己的形象和爱好来制造人类的，想必造物主是希望人类跟大自然一样美丽。

和谐的生命乐章

一些鸡毛蒜皮的小事能使一个思想状况不佳的人烦恼不已，但却根本无法影响一个思想沉着、镇定自若的人。

在他的提琴完全定弦之前，大音乐家奥尔·布尔是不会在公众面前演奏的。在表演期间，如果一根弦松了一点，即使这种不和谐只有他一个人注意到了，他也必定会在继续演奏之前为他的提琴定弦，他可不管这需要多长时间，他也不管他的听众是何等骚动不安。而一个蹩脚一点的音乐人是不可能这么精益求精的，他可能会对自己说："即使一根弦松一点也无关紧要，我将弹完这支曲子，除了我自己，没有人会察觉出来的。"

一些伟大的音乐家说，没有什么东西比演奏一件失调的乐器，或是与那些没有好嗓音的人一起演唱，更能迅速地破坏听觉的敏感性，更能迅速地降低一个人的乐感和音乐水准的了。一旦这样做，他就不会潜心地去区分音调的各种细微差异了，他就会很快地去模仿和附和乐器发出的声音。这样，他的耳朵就会失灵，要不了多久，这位歌手就会形成一种唱歌走调的习惯。在人生这支大交响乐中，你使用的是哪种乐器？无论它是提琴、钢琴，还是你在文学、法律、医学或其他职业中所表现的思想、才能，都无关宏旨，但是，在没有使这些"乐器"定调的情况下，你不能在你的听众——世人面前开始演奏你的人生交响乐。无论你干什么事情，都不要玩得走样，都不要唱得走调或工作失调，更不要让你失调的乐器弄坏了耳朵和鉴赏力。即使是波兰著名钢琴家、作曲家帕代莱夫斯基那样的人，也不可能在一架失调的钢琴上奏出和谐、精妙的乐章。

心理失调对工作质量来说是致命的。这些极具毁灭性的情感，比如担忧、焦虑、仇恨、嫉妒、愤怒、贪婪、自私等，都是工作效率的致命敌人。一个人受任何这些情感的困扰时，就不可能将他的工作做得最好，这就好像是具有精密机械装置的一块手表，如果其轴承发生摩擦就走得不准一样。而要使这块表走得很准，那就必须精心地调整它，每一个齿轮、每一个轮牙、每一根石英轴承都必须运转良好，因为任何一个缺陷、任何一个麻烦、任何一个地方出现了摩擦，都将无法使手表走得很准时。人体这架机器要比最精密的手表还要精密得多，在开始一天的工作之前，人这架机器也需要调整，也需要保持非常和谐的状态，正如在演出开始以前需要将提琴调好一样。

一些鸡毛蒜皮的小事能使一个思想状况不佳的人烦恼不已，但却根本无法影响一个思想沉着、镇定自若的人。即使是出了大事，即使是恐慌、危机、失败、火灾、失去财物或朋友，以及各种各样的灾难，都不可能使他的心理失去平衡，因为他找到了自己生命的支点——心理平衡的支点，因此他不再在希望和绝望之间摇摆。